图 1　生长期

图 2　蒜田中耕

图 3　做畦

图 4　规范化大蒜种植畦

图 5　大蒜播种机

图 6　人工播种 1

图 7　人工播种 2

图 8　人工播种 3

图 9　人工播种 4

图 10　人工播种 5

图 11　人工播种 6

图 12　人工播种 7

图 13　田间出苗

图 14　苗期生长 1

图 15　苗期生长 2

图 16　苗期生长 3

图 17　地面覆盖栽培

图 18　地膜覆盖平畦栽培 1

图 19　地膜覆盖平畦栽培 2

图 20　地膜覆盖平畦栽培 3

图 21　高畦栽培 1

图 22　高畦栽培 2

图 23　菜蒜套种

图 24　马铃薯间作大蒜

图 25 棉花大蒜套作

图 26 蒜豆套种

图 27 蒜梨套种

图 28 玉米大蒜套种

图 29 玉米间作大蒜

图 30 垄栽 1

图 31 垄栽 2

图 32 平畦露地栽培 1

图 33 平畦露地栽培 2

图 34 平畦露地栽培 3

图 35 示范种植

图 36 大蒜规模化种植 1

图 37　大蒜规模化种植 2

图 38　大蒜规模化种植 3

图 39　大蒜规模化种植 4

图 40　自走式大蒜收获机

图 41　采收蒜薹

图 42　机械化收获

图 43　收获大蒜蒜头

图 44　田间收获

图 45　大蒜剥瓣机

图 46　大蒜去皮机

图 47　脱皮机

图 48　加工区

图 49　大蒜烘干

图 50　大蒜切片

图 51　大蒜片加工挑选

图 52　大蒜加工 1

图 53　大蒜加工 2

图 54　真空包装机

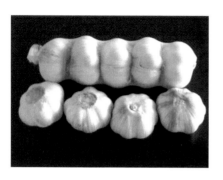

图 55　包装 1

图 56　包装 2

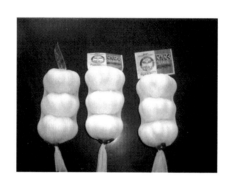

图 57　包装 3

图 58　包装 4

图 59　包装 5

图 60　包装 6

图 61　包装上市

图 62　大袋包装

图 63　大蒜贮藏

图 64　蒜薹贮藏

图 65　蒜头低温贮藏

图 66　蒜头通风库贮藏

图 67　运输

图 68　大蒜白腐病 1

图 69　大蒜白腐病 2

图 70　大蒜病毒病

图 71　大蒜病害

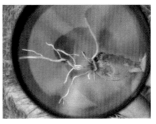

图 72　大蒜韭蛆

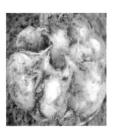

图 73　大蒜菌核病

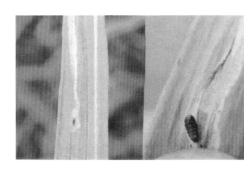

图 74　大蒜潜叶蝇为害症状

图 75　大蒜锈病 1

图 76　大蒜锈病 2

图 77　大蒜叶枯病

图 78　大蒜叶疫病

图 79　大蒜种蝇为害症状

图 80　大蒜紫斑病 1

图 81　大蒜紫斑病 2

图 82　防治大蒜叶枯病

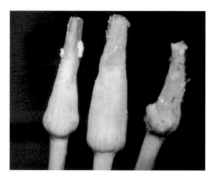

图 83　蒜薹灰霉病

科学种菜致富问答丛书

大蒜 高产栽培 关键技术问答

DASUAN
GAOCHAN ZAIPEI
GUANJIAN JISHU WENDA

刘海河　张彦萍　主编

化学工业出版社

·北京·

内 容 简 介

　　本书以一问一答的形式，系统地介绍了大蒜高产高效栽培的各项关键技术，包括大蒜的安全生产基础、类型及优良品种、栽培茬口安排与栽培模式、育苗技术、安全优质高效栽培技术、产品质量标准与认证、主要病虫害草害识别与防治技术、贮藏保鲜与加工技术、良种繁育与品种提纯复壮等。

　　全书语言简洁、通俗易懂，技术先进实用、可操作性强，适合蔬菜企业技术人员、专业菜农、农业技术推广人员等阅读参考，也可作为新型农民职业技能培训的良好教材。

图书在版编目（CIP）数据

　　大蒜高产栽培关键技术问答/刘海河，张彦萍主编.—北京：化学工业出版社，2020.9（2024.11重印）

　　（科学种菜致富问答丛书）

　　ISBN 978-7-122-35589-8

　　Ⅰ.①大… Ⅱ.①刘…②张… Ⅲ.①大蒜-高产栽培-问题解答 Ⅳ.①S633.4-44

　　中国版本图书馆 CIP 数据核字（2020）第 155590 号

责任编辑：邵桂林	文字编辑：焦欣渝　白华霞
责任校对：王素芹	装帧设计：韩　飞

出版发行：化学工业出版社
　　　　　（北京市东城区青年湖南街 13 号　邮政编码 100011）
印　　装：北京科印技术咨询服务有限公司数码印刷分部
850mm×1168mm　1/32　印张 8　彩插 7　字数 157 千字
2024 年 11 月北京第 1 版第 3 次印刷

购书咨询：010-64518888　　　售后服务：010-64518899
网　　址：http://www.cip.com.cn
凡购买本书，如有缺损质量问题，本社销售中心负责调换。

定　　价：39.80 元　　　　　　　　　版权所有　违者必究

本书编写人员名单

主　　编　　刘海河　　张彦萍
副 主 编　　靳昌霖　　刘富强
编　　者　　曹菲菲　　陈倩云　　靳昌霖　　刘富强
　　　　　　刘海河　　李如欣　　牛伟涛　　左彬彬
　　　　　　张淑敏　　张胜平　　张彦萍

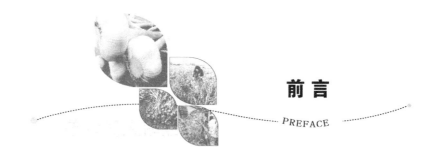

前言

PREFACE

　　蔬菜是人们日常生活中不可缺少的佐餐食品，是人体重要的营养来源。蔬菜产业是种植业中最具竞争优势的主导产业，已成为种植业的第二大产业，仅次于粮食产业。有些省份如山东省，蔬菜产业占种植业的第一位，是农民脱贫致富的重要支柱产业，在保障市场供应、增加农民收入等方面发挥了重要作用。

　　近年来，中国蔬菜产业迅速发展的同时，仍存在因价格波动较大、生产技术落后及产品附加值偏低等造成的菜农收益不稳定等问题。蔬菜绿色高效生产新品种、新技术、新材料、新模式等不断加大科技创新及技术集成，使主要蔬菜的科技含量不断提高。我们在总结多年来一线工作的经验以及当地和全国其他地区主要蔬菜在栽培管理、栽培模式、病虫害防治等方面新技术的基础上，组织河北农业大学、河北省蔬菜产业体系（HB2018030202）和生产一线多位教授、专家编写了《科学种菜致富问答丛书》。

　　《大蒜高产栽培关键技术问答》是丛书中的一个分册。书中比较详细地介绍了大蒜的栽培基础知识、优良品种、安全优质高产栽培技术、生理性病害及其防治、病虫害草害识别与防治技术、贮藏保鲜、良种繁育与品种提纯复壮等。我们希望通过本书能为进一步提高大蒜安全优质高效栽培技术水平、普及推广大蒜生产新技术，帮助广大专业户和专业技术人员解决一些生产上的实际问题做出贡献。

本书在编写过程中参阅和借鉴了有关书刊中的资料文献，在此向原作者表示诚挚的谢意。

本书注重理论和实践相结合，具有较高的实用性和可操作性。同时书中附有彩图，可帮助读者比较直观地理解书中的内容。

由于编者水平所限，书中难免出现不当之处，敬请广大读者不吝批评指正。

编者
2020 年 6 月

目录

CONTENTS

第一章 大蒜栽培基础

第二章 大蒜优良品种

第三章 大蒜安全优质高效栽培技术

第四章 大蒜生理性病害及其防治

第五章　大蒜病虫害草害识别与防治技术

第六章　大蒜贮藏保鲜

第七章　大蒜良种繁育与品种提纯复壮

参考文献

第一章

大蒜栽培基础

1. 大蒜生长发育可划分为几个时期？各时期的特点是什么？

生育周期指从蒜瓣播种到形成新的蒜瓣以及休眠的过程。春播大蒜当年完成生育周期，生育期短，为90～110天；秋播大蒜两年内完成生育周期，生育期长达220～250天。整个生育周期可分为萌芽期、幼苗期、花芽及鳞芽分化期、蒜薹伸长期、鳞茎膨大期和生理休眠期。

（1）萌芽期 解除休眠后从播种到初生叶伸出地面的这个时期为萌芽期，一般约需10～15天。此期根系以纵向生长为主，芽鞘破土长出幼叶，生长点陆续分化出幼叶。萌芽期根、叶的生长依靠种瓣供给营养。

（2）幼苗期 从初生叶展开到花芽、鳞芽开始分化的这个时期为幼苗期。秋播蒜需5～6个月，春播蒜仅需25天左右。此期根系由纵向生长转向横向生长，增长速度达到高峰，新叶分化完成，展叶数占总叶数的50％左右，叶面积约占总叶面积的40％，植株由异养生长逐渐过渡到自养生长阶段，幼苗后期母瓣内养分逐渐消耗殆尽，开始干瘪，所以又叫"退母期"。

(3) 花芽和鳞芽分化期　从花芽和鳞芽开始分化到分化结束的这个时期为花芽和鳞芽分化期，生产上称为"分瓣期"，约需10～15天。一般花芽分化早于鳞芽分化。此期植株的生长点形成花原基，同时在内层叶腋处形成鳞芽。

(4) 蒜薹伸长期　花芽分化结束到蒜薹甩尾采收为止的这个时期为蒜薹伸长期，约需30天。此期营养生长和生殖生长齐头并进，分化的叶已全部长成，叶面积、株高达到最大值，鳞芽缓慢生长，是大蒜植株旺盛生长时期，是鳞芽的膨大前期，也是水肥管理的重要时期。

(5) 鳞茎膨大期　从鳞芽分化结束到鳞茎采收为止的这个时期为鳞茎膨大期，约需50天。鳞茎膨大前期与蒜薹伸长后期重叠，因为营养物质主要用于蒜薹的伸长，所以采薹前鳞茎膨大速度缓慢，蒜薹采收后，顶端优势被解除，鳞茎得到充足的养分而迅速膨大，进入鳞茎膨大盛期。鳞茎膨大盛期叶片不再增长；鳞茎膨大后期，随着叶片、叶鞘中的营养物质向鳞茎中转移，地上部逐渐枯黄变软，外层鳞片则干缩呈膜状。

(6) 生理休眠期　大蒜鳞茎收获后即进入休眠期。休眠期的长短与品种有关，一般早熟品种的休眠期约65～75天，而晚熟品种休眠期仅35～45天。秋播时为打破生理休眠，可采用剥除包裹蒜瓣的鳞膜和切除蒜瓣尖端一部分的方法。

2. 大蒜生长发育对温度条件有何要求？如何调控？

（1）对温度条件的要求　大蒜喜欢比较冷凉的气候条件，经休眠期的大蒜，3～5℃环境下开始萌发；高温30℃以上时对其有抑制作用。幼苗期，适宜温度为12～16℃，短时间可耐－10℃低温。花芽和鳞芽分化也需要低温，适宜温度为12～16℃。花茎、鳞茎适宜温度为15～20℃，超过25℃，可导致茎叶枯黄，生长迟缓。

（2）生产上对温度环境条件的调控　大蒜喜欢比较冷凉的气候条件，适宜的生长温度是12～26℃。大蒜的鳞茎在解除自然休眠以后，在3～5℃的低温下就开始萌发，但在12℃以上时才较整齐。大蒜幼苗期生长最适温度是12～16℃，此期如果温度过高，再加上水分不足，就可能造成组织老化、纤维增多、品质变劣，这在进行青蒜苗生产时尤其需要注意。鳞茎形成期的最适温度是15～20℃，若温度高于26℃，鳞茎就要进入休眠状态。

鳞芽的出现与顶芽的发育有着密切关系。当顶芽是叶芽时，植株具有顶端优势，侧芽就不会发生，也就是说蒜头不会分瓣；当顶芽变为花芽时，顶端优势消失，就要在1～2层叶腋内迅速产生侧芽即鳞芽，这一分化过程只要3～4天就可以完成。

鳞芽在最初生长时比较缓慢，近采蒜薹时生长加快，采蒜薹后生长速度猛增，到采收前1周又变得缓慢，因植株其他部分的养分急剧地向鳞茎输送，而使植株趋于老熟。大蒜的鳞茎是大蒜的养分储藏器官和繁殖器官，同时也是人们主要食用的部分。

大蒜植株耐低温能力比较强，能耐受短期－10℃的低温，由此就决定了大蒜的栽培季节和播种期。一般说来，在北纬38°以北地区，大蒜就不能露地安全越冬，因而这类地区只能采取秋播的方式。地处北纬40°左右的北京地区，秋播大蒜在越冬时必须用柴草加以覆盖保护，否则不能安全越冬。

不同品种的耐低温能力不一样，白皮蒜的耐低温能力就比紫皮蒜强，在北纬36°45′的河北省邯郸市永年区秋播大蒜可以安全越冬，但种植紫皮蒜时就必须春播。大蒜不同生长发育阶段的耐低温能力也不一样，幼株时以4～5叶抗寒能力最强。苗子小，根浅，体内积累养分少，耐寒力就弱；苗子过大时，由于植株消耗的养分多，耐寒力也会降低。所以，秋播大蒜要求有严格的播期，其目的就是保证在越冬前能够获得适龄健壮的植株，以保证安全越冬，避免冻害。

大蒜是绿体通过春化阶段的作物，幼株在0～4℃的低温下，约经过30天就可以通过春化阶段，以后随着温度的升高，日照时间的加长，再通过光照阶段之后，就能够抽薹分瓣。春播大蒜如果播种过迟，温度条件不能满足通过春化的需要，大蒜就不能抽薹分瓣，以后长日照下也只能形成独头蒜。所以华北地区有"种蒜不出九，出九长独头"的说法。对这一地区来说，"九九"即"冬至"后81天，时间是在3月中旬，在此以后播种的大蒜就不能分瓣了。秋播大蒜如果播种过早，当年会感受低温而分瓣，而在持续的低温下，幼小的鳞茎再次感受低温而通过春化，翌年就会形成二次苗而降低品质。所以秋播大蒜播种期应严格掌握。

3. 大蒜生长发育对光照条件有何要求？如何调控？

（1）对光照条件的要求 不同生态类型的品种对光照时间长短的反应完全不同。低温反应敏感品种，光照时间长短对花茎发育的影响不大，而鳞茎的发育以 12 小时为宜，在 8 小时以下时鳞茎发育稍差。低温反应中间型品种，光照在 12 小时以下时花茎发育良好，而在 8 小时以下时花茎发育不良，鳞茎在 13～14 小时光照条件下发育良好。低温反应迟钝型品种，花茎发育需要 13 小时以上的光照，在 12 小时光照以下时一般不形成鳞茎，鳞茎发育需要 14 小时以上的光照。

（2）生产上对光照环境条件的调控 大蒜在通过春化阶段之后，还需要在 13 小时以上的长日照和 13～19℃ 的温度条件下，才能通过光照阶段而抽薹，并促进鳞茎的形成。长日照是大蒜鳞茎形成和膨大的必要条件，不论秋播还是春播，大蒜都要经过夏季日照时间的逐渐延长，温度逐渐升高的外界环境，才能长成蒜头。但不同的品种对日照时间长短的要求也不一样，北方栽培的品种对日照时间的要求比较严格，一般需要 14 小时以上；南方栽培的品种对日照时间的要求低些，一般需要 13 小时左右。

大蒜在日照 12 小时以下的温暖环境下不能形成鳞茎，但却对叶片的生长特别有利。所以，生产青蒜苗应在秋季及早播种。南方是在 11～12 月份，北方应在春季长日照到来之前收获上市，这样才能获得产量高、质量好的青蒜产品。

大蒜在无光条件下栽培时，可以获得软化的蒜黄。

4. 大蒜生长发育对水分条件有何要求？如何调控？

(1) 对水分条件的要求 大蒜生理特点：根系浅、根毛少，吸水范围小，不耐旱，不同生长期对水分需求不同。

① 发芽期 高湿度土壤，促进发根发芽。

② 幼苗期 低湿度土壤，避免幼苗根系腐烂，促进其纵深发展。

③ 退母后 高湿度土壤，满足大蒜叶片的生长需求，为接下来的花芽、鳞芽分化创造条件。

④ 花茎伸长和鳞茎膨大期 高湿度土壤，促进其旺盛生长。

⑤ 鳞茎长成期 低湿度土壤，避免鳞茎外皮腐烂变黑。

⑥ 休眠期 干燥环境，有利于贮藏。

(2) 生产上对水分环境条件的调控 大蒜叶片呈带状，叶面积小，表面具蜡粉，表现为耐旱性，但因其根系小、根毛少、分布浅、吸收能力弱，因而对水分要求严格，具有喜湿润、怕干旱的特性。大蒜在播后苗前，应保证充足的水分供应。若蒜田耕层浅，水分不足，土壤下层坚硬，播种覆土过浅，就会发生"跳瓣"现象。所谓跳瓣就是蒜瓣发根时，因下层土壤坚硬，根不能下扎，而将母瓣顶出土面的现象。如发现跳瓣，应及时浇水，再在其上覆土，以保证适宜的土壤松紧度及含水量，促进幼芽萌发。幼苗期也要保证水分供应，否则会因缺水影响根系发展，甚至引起种瓣腐烂，遭受蛆害；但若浇水过多，造成田间积水，同样易引起烂瓣。因而在大蒜退母前，应以浇小水及划锄保墒为主；当大蒜退母后，植株生长速度加快，应及时供水。尤其是蒜薹伸长期，是大蒜生长最旺盛的阶段，需水量多，应始终保持土壤湿润。但临近采薹时，需控制浇水，以利于采薹，采薹之后立即浇水，以免妨碍鳞茎膨大。农谚"要吃蒜，泥里拌"，就是指鳞茎膨大盛期，必须保证充足的水分供应。当鳞茎充分膨大收获时，要节制浇水，以促进蒜头老熟。收获时，为方便操作，可先浇 1 次水，使土壤疏松，便于起蒜。

⑤ 大蒜生长发育对土壤营养条件有何要求？如何调控？

(1) 对土壤营养条件的要求 大蒜根系吸水能力差，对土壤条件要求严格。大蒜适宜富含有机质、通透性良好、保水排水能力强的沙性土壤；另外大蒜喜好微酸性土壤，长期生长在碱性土壤环境下，容易导致其根系腐烂变质，整个植株生长发育不良，蒜头多而小。

富含腐殖质的土壤更有利于大蒜生长。整个发育周期中对氮肥需求量最大，钾肥、磷肥需求量较少。幼苗期、萌芽期养分来源于种瓣内，土壤获取量很少。因此，在基肥施足的基础上，不建议用特种肥，尤其是碳酸氢钾、尿素、硝酸铵等，对根系有很大的腐蚀作用。蒜薹伸长期，蒜瓣生长速度加快，需肥量大增，是追肥的最佳时期，追肥以氮肥为主。鳞茎膨大后期，叶片枯黄，根系老化，吸收能力减弱，此时不需要追肥，应适量控肥，避免散瓣和鳞茎开裂。

（2）生产上对土壤营养条件的调控 大蒜适于微酸性土壤，pH 值一般为 5.5～6。土壤瘠薄、有机质少、碱性大、早春返碱的地块不宜种蒜。因为大蒜苗期需要的营养主要由母瓣供应，故苗期不需施用速效肥料，而用迟效性的农家肥作基肥，以改善土壤的理化性质为主。基肥必须充分腐熟，而且要捣碎、过筛，施用时与土壤掺匀。如果基肥中有生粪或粪块，容易"烧"坏蒜母。大蒜施肥应以氮肥为主，氮、磷、钾齐全。大蒜在叶片旺盛生长和鳞茎膨大的前期和中期，都需要较多的营养。所以在这个时期一定要水肥供应充足，以保证植株长得旺，蒜薹长得肥，蒜头得以充分发育膨大。给大蒜施用磷钾肥，如草木灰、炕土等，都能增产，可在整地时或苗期施入。根据大蒜根系弱而需肥多的特点，给大蒜施肥时应每次少施、多次施入，并肥后浇水，以利于根系吸收。

第二章

大蒜优良品种

1. 大蒜如何进行分类？都有哪几种类型？

大蒜根据蒜薹的有无，可分为无薹蒜和薹瓣兼用蒜两种。无薹蒜早熟质优，但由于不产蒜薹，产值较低；而薹瓣兼用蒜适应性广，种植面积大，全国各地都有栽培。

大蒜按鳞茎中蒜瓣的大小，可分为大瓣种和小瓣种两种。大瓣种有蒜瓣 4～7 个，每瓣蒜大小比较均匀，蒜瓣肥大，外皮容易剥落，辛辣味较浓，产量高，以收蒜头为主；小瓣蒜又称狗牙蒜，有蒜瓣 10～20 个，蒜瓣大小不匀，细长，外皮不易剥落，辛辣味较淡，适合种青蒜用。

大蒜按照鳞茎外皮的色泽，可分为紫皮蒜和白皮蒜两种。紫皮蒜的蒜瓣少而大，辛辣味浓，蒜薹肥大，产量高，多分布在华北、西北、东北等地，耐寒力弱，多春季播种，成熟期较晚；白皮蒜有大瓣种和小瓣种，抽薹力弱，蒜薹产量低，比紫皮蒜耐寒，多秋季播种，成熟期略早。

2. **大蒜优良品种有哪些？每个品种各有哪些特征特性？**

(1) 苍山大蒜 原产于山东省，在国内享有较高的声誉。其特点是蒜头洁白、圆整，瓣少而大，蒜瓣间大小均匀，香味浓，蒜汁黏稠。蒜薹粗而长，蒜头和蒜薹质量好、产量高，在国内久负盛名。苍山大蒜生产上应用的代表品种有蒲棵、糙蒜、高脚子。

① 蒲棵 株高 80～90 厘米，假茎直径 1.4～1.5 厘米，高 35 厘米。叶片条带形，绿色，互生，呈扇状排列，有叶片 10～12 片；叶片较宽，中部叶片宽 2 厘米以上；叶片亦较长，1～4 叶长 10～30 厘米，其余均在 30 厘米以上。蒜薹为绿色，总长 60～80 厘米，其中轴长为 35～50 厘米，尾长 27～33 厘米，直径为 0.46～0.65 厘米，单薹均重 25～35 克，组织柔嫩，品质较好，容易提薹。蒜头直径 4.5 厘米，多为 6 瓣，皮薄白色，内外 3 层，瓣内皮稍现赤红色。蒲棵蒜为秋播蒜，属中晚熟品种，其适应性广，耐寒力强，长势好。一般每亩产蒜薹 400 千克，产鲜蒜头 1500 千克。

② 糙蒜 株高一般为 80～90 厘米，假茎较蒲棵细长，一般高 35～40 厘米，直径 1.3～1.5 厘米。叶色较蒲棵略淡，叶片狭窄，叶宽 1.5～2 厘米，与假茎形成的夹角小于蒲棵，根量亦比蒲棵少。该品种单薹均重 30 克左右。蒜头白皮，直径 5 厘米，单头重 50 克，分 4～5 瓣，

因而具有头大瓣大、瓣少瓣齐的特点。糙蒜为秋播蒜，耐寒力弱于蒲棵，但长势旺盛，比蒲棵早熟5～7天。蒜薹、蒜头产量与蒲棵相近。

③ 高脚子　植株高大，株高达85～90厘米，高者可达1米以上，假茎较高，为35～40厘米，直径1.4～1.6厘米。叶片肥大，浓绿色，叶宽为2～2.5厘米。根系较蒲棵、糙蒜发达。蒜薹粗大。蒜头亦大，多为6瓣，蒜皮白色，瓣内皮略带淡黄色。高脚子为秋播蒜，晚熟，适应性广，耐寒性强，产量高，但因瓣大，用种量较多。

（2）嘉祥大蒜　山东省嘉祥县地方品种，为当地出口的传统名土特产品种。该品种植株长势中等，株高95厘米，假茎高40厘米左右，粗1.6～1.8厘米。叶片狭长，直立，最大叶长50厘米，最大叶宽2.8厘米，叶表面有白色蜡粉。蒜头外皮紫红色，直径4.5厘米，单头重25～30克。每个蒜头的蒜瓣数多为4～6瓣，少数达8瓣以上，分两层排列。蒜衣紫色，蒜头大小均匀，平均单瓣重4.4克，肉质脆嫩，香辣味浓，蒜泥黏稠，品质优。抽薹性好，蒜薹长65厘米，粗0.7～0.8厘米。一般每亩产蒜薹500千克左右、蒜头1000千克左右。

当地于9月下旬至10月上旬播种，翌年5月中旬采收蒜薹，6月上旬采收蒜头，生育期250天左右。蒜头耐贮藏，在室温下存放时，一般到翌年3月才开始发芽。

（3）华蒜3号　由山东省梁山县科技兴农研究所选育，是一个品质很好、产量特高的头用型大蒜品种。该品种长势强劲，根系发达，茎鞘粗壮、坚实、抗风抗折，熟不倒棵，容易收获。叶片宽、长、厚，叶色鲜绿，光合力强，蒜瓣白细。抗寒抗旱、喜肥耐瘠，蒜皮较厚，很耐贮运。单个蒜头 100～200 克，大的可达 500 克；直径 7～8 厘米，大的达 11.1 厘米；株高 80～90 厘米。白露种植，翌年芒种前 3～7 天收获。适宜我国各蒜区种植。一般每亩产蒜头 3600 千克左右、蒜薹 500 千克左右。

（4）华蒜 1 号　该品种是山东省金乡地方品种的变异株，经多年系统选育而成，是现今特早熟薹用型大蒜优选品种。该品种长势旺，抗逆性强，蒜薹肥长、均匀。白露播种，翌年清明前 3～7 天抽薹收获。适宜我国蒜薹产区种植。一般每亩产蒜薹 900～1000 千克、蒜头 300 千克。

（5）华蒜 2 号　由山东省梁山县科技兴农研究所选育，是一个蒜头、蒜薹产量都较高，集早熟、抗冻、抗病、优质于一体的双用型大蒜品种。该品种长势较强，根深叶茂，茎鞘坚硬抗寒，－16℃不受冻伤，好种易管。白露播种，翌年谷雨前 8～12 天收获蒜薹，芒种前 5～12 天收获蒜头，九成蒜头直径 5 厘米以上，大的达到 7～8 厘米。适宜我国薹、头双用型产区种植。一般每亩产蒜头 2300 千克左右、蒜薹 750 千克左右。

（6）双丰 1 号　由山东省农科院蔬菜研究所选育，薹、头兼用脱毒品种，生育期 260 天左右。该品种株高 100～110 厘米。蒜头硬秸，外皮白色，内皮淡紫色，单头重 50～90 克，横径5.5～7 厘米，6～8 瓣。蒜薹长，色绿质优，耐贮存、耐寒。一般栽培密度为每亩（1 亩＝667 米²）25000～30000 株，每亩可产干蒜头 1000～1500 千克、蒜薹 800～1000 千克，适合出口外销。

（7）双丰 2 号　由山东省农科院蔬菜研究所选育，

薹、头兼用脱毒品种，生育期 250 天左右。该品种株高
100～120 厘米。蒜头硬秸，外皮淡紫色，内皮紫色，单
头重 50～90 克，6～8 瓣，横径 5.5～6 厘米，大蒜素含量
高。蒜薹长，色绿质优，耐贮存、耐寒。一般栽培密度为
每亩 25000～30000 株，每亩产干蒜头 1000～1500 千克、
蒜薹 800～1000 千克，适合出口外销。

（8）**白蒜王**　由山东省农科院蔬菜研究所选育，大蒜
头全白皮脱毒品种。该品种株高 75～95 厘米。蒜头软秸，
个大，内、外皮均为白色，纵径 3.5～4.0 厘米，横径
5.5～9.0 厘米，重 50～100 克，8～12 瓣，大而整齐，有
少许复瓣、肉质细嫩、辛辣味淡。耐贮性中等，耐热，生
育期 240 天左右。一般栽培密度为每亩 23000～28000 株。
亩产干蒜头 1500 千克左右、蒜薹 300～400 千克，适合出
口外销。

（9）**鲁蒜王 1 号**　由山东省农科院蔬菜研究所选育，
大蒜头脱毒品种，生育期 240 天左右。该品种株高 90～
100 厘米，茎粗壮，叶片 9～10 片。蒜头外皮白色略带紫
筋，8～14 瓣，含 2～3 个夹瓣。单头重 60～120 克，横径
5.5～9 厘米。对叶枯病有中度抗性。一般栽培密度为每
亩 23000～28000 株，每亩产干蒜头 2100 千克左右、蒜薹
400～600 千克，适合出口外销。

（10）**鲁蒜王 2 号**　由山东省农科院蔬菜研究所选育，
大蒜头脱毒品种，生育期 250 天左右。该品种株高 80～95
厘米，茎较粗壮，叶片 9～11 片，绿且厚，叶长 55 厘米，
宽 2.8 厘米。蒜头软秸，外皮白色略有紫斑，9～12 瓣，
有 1～2 个夹瓣，单头重 60～100 克。蒜薹收获期一致。

薹色淡绿，长 55～60 厘米，粗 0.6 厘米。抗病，耐退化。一般栽培密度为每亩 18000～22000 株，每亩产干蒜头 1600～1800 千克、蒜薹 800～1000 千克。

(11) 鲁农大蒜 山东农业大学从苏联红皮蒜中定向选育而成。该品种植株长势强，株高 80 厘米左右，株型开张。全株叶片数 13 片，最大叶长 73 厘米，最大叶宽 4 厘米。蒜头扁圆形，横径 5 厘米左右，形状整齐，外皮灰白色带紫色条斑，单头重 50 克左右。每个蒜头有蒜瓣 10～13 个，分两层排列，外层 6～7 瓣，内层 4～6 瓣，外层蒜瓣肥大，内层为中小蒜瓣。蒜衣基部淡红色，平均单瓣重 4.5 克。抽薹率 80% 以上，蒜薹长 60 厘米左右，粗 0.7 厘米左右。休眠期短，播种后出苗快，苗期生长快，可利用中、小瓣进行密植作蒜苗栽培。

(12) 嘉定蒜 上海市嘉定地方良种，有嘉定白蒜和嘉定黑蒜两个品种。

① 嘉定白蒜 株高 80 厘米，株幅 30 厘米，假茎粗 1.3 厘米。全株叶片数 13～15 片，最大叶长 50 厘米，最大叶宽 2.5 厘米。蒜头扁圆形，横径 4 厘米，外皮白色，单头重 30～35 克，6～8 瓣，2 层排列，蒜瓣之间大小整齐，相差甚小，平均单瓣重 3.7 克，蒜皮洁白。蒜薹长 40 厘米，粗 0.5 厘米，单薹重 15 克。每亩可产蒜薹 250 千克左右，产蒜头 600 千克左右。

② 嘉定黑蒜 该品种较嘉定白蒜长势强。叶色深绿，叶片宽厚，假茎较粗，薹粗，头大，但辣味稍淡，是目前当地的主栽品种。嘉定黑蒜蒜头扁圆形，横径 4 厘米，蒜头重近 40 克，6～8 瓣，2 层排列，瓣大小整齐。蒜皮白

色，基部略泛紫。抽薹性好，薹粗 0.7 厘米，单薹重 17 克左右。每亩产蒜薹 300～350 千克，产蒜头 650～700 千克。

（13）徐州白蒜　江苏省徐州地区的大蒜品种，从苏联红皮蒜中定向选育而成。因蒜头大，内层皮色洁白，商品性好，深受国际市场欢迎，成为该地区出口的主要农副产品之一。该品种株高 98.6 厘米，株幅 41 厘米，株型开张。假茎高 37 厘米，粗 1.6 厘米。全株叶片数 13～14 片，最大叶长 64 厘米，最大叶宽 3.5 厘米。蒜头扁圆形，80% 以上的蒜头横径超过 5 厘米，单头重 50 克左右。刚收获的蒜头外皮为淡紫色，干燥后呈灰白色带紫色条斑，最外面 1～2 层的皮膜剥落后则为纯白色。每个蒜头有蒜瓣 13～17 个，分两层排列。蒜衣一层，淡红黄色，基部色较深。抽薹率 77%，薹长 49 厘米，粗 0.7 厘米，单薹重 12 克。蒜瓣休眠期约 60 天，不耐贮藏。生育期 260 天左右。不发生外层型二次生长，只有轻度的内层型二次生长发生。

（14）太仓白蒜　江苏太仓地方品种。该品种皮白色，头圆整，瓣大而匀称，香辣脆嫩，是我国四大名蒜之一。太仓白蒜株高 92 厘米，假茎高 40 厘米，粗 1.3 厘米。有叶 13～14 片，叶片宽厚，最大叶长 54 厘米，最大叶宽 2 厘米，单株青蒜苗 30～45 克。抽薹性好，薹长 54 厘米，粗 0.7 厘米左右，单薹重 16～20 克。蒜头外皮洁白，圆整，横径 3.8～5.5 厘米，单头重 25 克左右，每头有 6～9 瓣，属单层型品种，单瓣重 4 克左右。

当地于 9 月下旬播种，每亩 3 万株，翌年 4 月下旬采收蒜薹，5月下旬采收蒜头。每亩产蒜薹 300 千克左右、蒜头 700 千克左右。该品种也是我国出口东南亚的主要品种之一。

（15）邳州白蒜　江苏省邳州市地方品种。蒜头以其色白、头大（蒜头直径 5～7 厘米）、味辛香、不散瓣、商品性佳等特点而享誉海内外市场，主要销往国外。该品种株高 60 厘米以上，根系弦状，分布于浅土层。叶宽厚，深绿色，半直立，互生。蒜薹退化，短细，总苞呈红色。鳞茎（蒜头）扁圆形，直径一般在 5～7 厘米，最外层的叶鞘呈白色，紧紧包裹在鳞茎上不开裂，单头平均重 50 克以上，每头有 10～12 个蒜瓣，大瓣平均重 4～5 克以上。

对土壤适应性强，耐肥，喜冷凉，适于在 −5～26℃ 生长，较红皮蒜耐寒、耐旱，可短时间耐受 −10℃ 以下的低温，抗病力强，不易发生病害。该地在 9 月下旬至 10 月上旬播种，每亩产干蒜头 1250 千克，蒜头直径 5 厘米以上的出口级蒜占 90％ 以上，蒜薹每亩产 50～75 千克。

（16）青龙白蒜　江苏省射阳县临海镇农科站经过多年提纯复壮培育而成的当家蒜种，又称临海白蒜或射阳白蒜，其以株壮、薹粗、头大、味浓而著名，在国际市场上享有盛誉，具中熟、植株粗壮、生长势旺、抗寒性较强、优质高产等特点。该品种株高 75 厘米左右，株幅中等，假茎长 35 厘米，粗 1.5 厘米。一生有叶 11 片，剑形，直立，色深绿，叶长 45 厘米左右，叶宽 2～3 厘米。抽薹率 100％，薹长 50～60 厘米，薹粗 0.7～0.8 厘米，单薹鲜重 40～45 克，最重的达 50 克以上。蒜头外皮洁白，略呈扁球形，横径 4～5 厘米，高 3～4 厘米，每头 8～10 瓣，蒜瓣肥厚，单头鲜重约 70 克，干重约 50 克。味浓郁香辣，品质上乘。宜在中性或微碱性沙壤土上种植，全生育期 250 日左右。每亩产蒜薹 1300 千克左右、蒜头 1500 千克左右，是理想的青蒜和薹、头兼用的优良蒜种。

（17）徐蒜 815 江苏徐淮地区徐州农业科学研究所从大蒜种质资源"G-12-15"中进行混合选择出来的新品种。植株生长势强，一致性好。株高 83 厘米，叶长 60 厘米，叶宽 4 厘米左右，假茎高 34 厘米，假茎粗 2 厘米，总叶数 16 片，叶色深绿。播种至抽薹约 210 天，二次生长率低，产量高，品质好，商品性佳，适合露地栽培。蒜头皮白色，横径 6.46 厘米，高 4.45 厘米，单蒜头鲜重 95.87 克，干蒜头产量 24360 千克/公顷。

（18）蔡家坡红皮蒜 陕西省岐山县蔡家坡镇地方品种，是我国驰名的大蒜品种之一。该品种株高 85 厘米，假茎粗 1.5～1.6 厘米，高 35 厘米。单株叶数 12～13 片，最大叶长 63 厘米，最大叶宽 3.2 厘米。蒜头扁圆形，横径 3.5 厘米左右，皮浅紫红色，平均单头重 30～35 克，内外两层排列，瓣间大小差异不大，蒜皮淡紫色。抽薹性好，蒜薹粗而长，长约 45 厘米，粗约 0.8 厘米，抽薹早、效益高。该品种主要适宜作早薹和越冬蒜苗栽培。每亩产蒜薹 400 千克，产蒜头 600 余千克，如进行早蒜苗栽培，3 月下旬至 4 月初上市，每亩可生产 3000～4000 千克。

（19）兴平白皮蒜 陕西省兴平市地方品种。该品种植株生长势强，株高 94 厘米左右，假茎高 42 厘米，粗 1.7 厘米。单株叶片数 12～13 片，最大叶长 68 厘米，最大叶宽 3 厘米，叶色深绿。蒜头近圆形，横径 4～5 厘米，外皮白色，平均单头重 30 克左右，大者可达 40 克。每个蒜头有 10～11 瓣，分两层排列，内、外层蒜瓣数及重量无明显差异，瓣形整齐，蒜衣 1 层，白色，平均单瓣重 3 克左右。抽薹性好，抽薹率 100％，蒜薹长约 50 厘米，粗 0.7 厘米，平均单薹重 11 克左右。

当地于 9 月中下旬播种，翌年 5 月下旬采收蒜薹，6 月中下旬采收蒜头。该品种为晚熟品种，辣味浓，品质好，耐贮藏。多用于加工成糖醋蒜、白玉蒜，外销日本等国。

(20) 普陀大蒜 陕西省洋县普陀地方品种。该品种株高 85 厘米，株幅 28 厘米，假茎高 33 厘米，粗 1.7 厘米。蒜头扁圆形，横径 4.5～5 厘米，外皮淡紫色，平均单头重 30 克。每个蒜头有蒜瓣 8～9 个，分两层排列，内、外层蒜瓣数及重量差异不大，瓣形整齐，平均单瓣重 3.6 克。蒜衣两层，紫红色。抽薹性好，抽薹率 99％。薹长 46 厘米，粗 0.8 厘米，单薹重 19 克。该蒜是以蒜薹栽培为主的优良品种。

(21) 耀县红皮蒜 又名耀县火蒜，陕西省耀县（现为耀州区）地方品种。该品种株高 85 厘米，株幅 44 厘米，假茎高 36 厘米，粗 1.4 厘米。蒜头近圆形，横径 4.2 厘米，外皮浅紫色，平均单头重 27.5 克。每个蒜头有蒜瓣 7～8 瓣，分两层排列，一般外层为 2～3 瓣，内层为 4～5 瓣，外层蒜瓣比内层蒜瓣大。蒜衣两层，淡紫色，平均单瓣重 3 克。抽薹性好，抽薹率 100％。薹长 46 厘米，薹粗 0.8 厘米，单薹重 17.3 克。该蒜为蒜薹和蒜头俱佳的品种。

当地于 9 月中旬播种，翌年 5 月上旬采收蒜薹，6 月上旬采收蒜头。每亩产蒜薹 400～500 千克、蒜头 750～800 千克。

(22) 清涧紫皮蒜　陕西省北部清涧县地方品种。该品种蒜头扁圆形，横径 5 厘米左右，外皮灰白色带紫色条纹，平均单头重约 30 克。每头蒜有蒜瓣 5～6 个，分两层排列，内、外层蒜瓣数及单瓣重差异不大，瓣形整齐，平均单瓣重 5.4 克。蒜衣一层，紫红色，不易剥离。

当地于 3 月份播种，6 月上旬采收蒜薹，7 月上旬采收蒜头，为早熟品种。每亩产蒜薹 90～100 千克、蒜头约800 千克。

(23) 榆林白皮蒜　陕西省北部榆林地区地方品种。该品种株高 51 厘米，株幅 42 厘米。单株叶片数 7 枚，叶面蜡粉多。蒜头近圆形，横径 4.5 厘米左右，外皮白色，平均单头重 70 克左右。每个蒜头有蒜瓣 14～17 个，分3～4 层排列，蒜瓣小而细长。蒜薹短小。在当地为春播品种，晚熟，较耐寒，耐瘠薄，多在沟、台旱地栽培。

(24) 改良蒜　属苏联红皮蒜系的品种。在陕西省关中地区普遍栽培，具有适应性强、中熟、发芽早、前期生长快、蒜头大、产量高但不耐贮藏等特点，属低温反应中间型品种。该品种株高 85 厘米左右，开展度约 40 厘米，假茎长 40～50 厘米，直径 2 厘米左右。单株叶数 12～13片，最大叶长 80 厘米，最大叶宽 3～4 厘米，叶色较淡，有蜡粉。幼苗期叶色黄绿，叶片沿中脉呈明显的槽沟形，叶鞘较短，越冬时可达 7 片叶。抽薹率约 70％，蒜薹较短而细，黄绿色，总苞基部有紫红色斑，蒜薹及总苞长度约80厘米，薹直径0.4～0.7厘米，单薹重10～15克。蒜薹组织疏松，纤维少，辛辣味淡，宜鲜食，不耐贮藏。蒜头扁圆形，外皮灰白色带浅紫色纵向条斑，易脱离；内皮洁白，带紫色细条纹。蒜头肥大，横径5厘米左右，单头蒜重一般30～50克，每头12～14瓣，分两层排列，内、外层瓣数相近。外层蒜瓣肥大而较整齐，内层蒜瓣狭长而瘦小。蒜衣一层，较薄，有光泽，易剥离，背面白色带紫色细条纹，腹面黄褐色。蒜瓣组织较疏松，味道柔和，休眠期较短，不耐贮藏。宜作青蒜和蒜头栽培。

(25) 金堂早蒜 四川省金堂县地方品种。该品种株高60厘米，株幅12厘米左右，假茎长25厘米左右，粗1厘米。最大叶长35厘米，叶宽2厘米，全株有11片叶。蒜头扁圆形，横径3厘米左右，外皮淡紫色，单头重12～15克，每头有8～10瓣，分两层排列，平均单瓣重1.5克。蒜瓣外皮淡紫色。薹长35厘米，粗0.6厘米，平均重8克。每亩产薹150～160千克，产蒜头200千克。属极早熟品种。该品种引入河北作为蒜苗栽培，7月中下旬播种，11月中旬开始收获，每亩产量3000千克左右。

(26) 二水早 四川省成都市郊、彭州市地方品种。该品种株高74厘米，株幅15厘米，假茎高33厘米，粗1.2厘米，全株12～13片叶，最大叶宽2.3厘米。蒜头圆形，外皮淡紫色，横径3～4厘米，单头重13～16克，每头10瓣左右，分两层排列，平均单瓣重1.8克。蒜皮紫红色。蒜薹长42厘米，粗0.6厘米，单薹平均重12克，味浓品质优，是理想的采薹品种，也可作为蒜苗栽培。该品种耐寒性较金堂早蒜强，耐热，抗病性强，可以早播，是理想的早熟采薹品种。

（27）软叶蒜　成都市郊区、新都、彭州为软叶蒜的主要产区。该品种株高80厘米，株幅15厘米，假茎高40厘米，粗1.5厘米，全株叶片数15片，最大叶长45厘米，叶宽3厘米，叶片肥厚、柔软、下垂，故称为软叶蒜。生长快，假茎长，适宜作蒜苗生产。蒜头外皮淡紫色，单头重25克左右，每头约13瓣，分为4层，平均瓣重2.5克。该品种是栽培蒜苗的理想品种。

（28）彭县蒜　四川省成都市郊、彭州市地方品种，有早熟、中熟和晚熟3个品种。该蒜植株高75～89厘米，中熟品种的植株最高，晚熟品种次之，早熟品种最低。株幅15.4～27.8厘米，晚熟品种最大，早熟品种最小，中熟品种居中。假茎高34～38厘米，中熟品种最高，晚熟品种次之，早熟品种最矮。假茎粗1.5～1.9厘米，中熟品种最粗，晚熟品种次之，早熟品种最细。全株叶片数11～13片，早熟品种叶数最多，中熟品种次之，晚熟品种最少。最大叶长47.3～55.8厘米，中熟品种最长，晚熟品种次之，早熟品种最短。最大叶宽3.06～3.55厘米，中熟品种最宽，晚熟品种次之，早熟品种最窄。蒜头近圆形，外皮灰白色带紫色条斑，横径4～4.4厘米，中熟品种最大，晚熟品种最小，早熟品种居中。单头重22～33克，中熟品种最高，早熟品种最低，晚熟品种居中。每个蒜头有7～8个蒜瓣，分两层排列，外层4～5瓣，内层3～4瓣。瓣形整齐，内、外层蒜瓣大小差异不大。平均单瓣重3～4克。蒜衣两层，紫色，易剥离。抽薹率以中熟品种最好，达 100％，早熟品种和晚熟品种均达 98％左右。蒜薹粗而长。中熟品种薹长 50 厘米，薹粗 0.94 厘米，平均单薹重 20 克。蒜薹质脆嫩，味香甜，上市早，产量高。

彭县蒜在当地种植，每亩产蒜薹 700 千克左右，每亩产蒜头 750～1000 千克。该品种的适应性较强，是目前理想的主要用作蒜薹栽培的优良品种。

(29) 温江红七星　四川省成都郊县地方品种，又名硬叶子、刀六瓣，属中熟品种，生育期 230 天左右。该品种株高 71 厘米，株幅 15 厘米，假茎长 31 厘米，粗 1 厘米。全株叶片数 11～12 片，最大叶长 44 厘米，最大叶宽 2.5 厘米。蒜头扁圆形，横径 4.5 厘米左右，形状整齐，外皮淡紫色，单头重 25 克左右。每个蒜头有蒜瓣 7～8 个，分两层排列，内、外层蒜瓣数及重量差异不大，蒜瓣形状、大小整齐，平均单瓣重 3 克。蒜衣两层，淡紫色，不易剥离。抽薹率 80％左右，基长 41 厘米，粗 0.5 厘米，单薹重 7 克。

当地于 9 月中下旬播种，翌年 4 月上旬收获蒜薹，5 月上旬收获蒜头。

(30) 峨眉丰早　四川省峨眉山市地方品种，具有极早熟、生长势旺、耐热、抗病虫害、适应性强、品质优等特点。该品种叶片短小，假茎粗。蒜薹青绿色，鲜嫩，单薹重 21 克左右。蒜头外皮紫红色，头小瓣小，单头 6～8 瓣，辣味适中，适宜制蒜粉。生育期 140 天，蒜薹上市早，每亩产蒜薹 850 千克，市场俏，效益高，宜作早蒜薹栽培。

(31) 金山火蒜　广东省开平市一带的地方品种，为广东中部地区大蒜的代表品种。该品种株高60厘米，株幅9厘米，假茎高28厘米，粗0.9厘米，全株叶片数15～16片，最大叶长32厘米，最大叶宽2.1厘米。蒜头长扁圆形，最大横径3.4厘米，最小横径2.7厘米，外皮淡紫色，平均单头重10克。每个蒜头有7～10个蒜瓣，分3～5层排列。1～3层每层平均有2～3个蒜瓣，4～5层每层多为1个蒜瓣。蒜衣两层，紫红色，平均单瓣重1.5克。在当地不抽薹或半抽薹。蒜农为了使蒜头采收后迅速干燥，以提早上市，延长贮藏期，先将蒜头在田间晾干，然后运至库中用烟熏，待烘干后销往中国香港及东南亚地区，故称火蒜。

当地一般于10月上旬播种，翌年3月上中旬收获蒜头，生育期140～150天。

(32) 新会火蒜　广东省新会县地方品种。该品种株高56厘米，株幅9.6厘米，假茎高29厘米，粗0.9厘米。全株叶片数16～17片，最大叶长31厘米，最大叶宽2.1厘米。蒜头长扁圆形，最大横茎5厘米，最小横径4.3厘米，外皮淡紫色，平均单头重25克，大者可达30克。每个蒜头有9～13个蒜瓣，分3层排列，最外层多为1～2瓣，2～3层的瓣数不规则，第二层少者2瓣，多者6瓣，第三层少者4瓣，多者9瓣。蒜衣两层，紫红色，平均单瓣重2.2克。在当地可抽薹。

(33) 普宁大蒜　广东省普宁市地方品种。该品种株高71厘米，株幅20厘米，假茎高24厘米，粗1.5厘米。全株叶片数12片，最大叶长45厘米，最大叶宽3厘米。

蒜头长扁圆形，最大横径 4.6 厘米，外皮白色，平均单头重 20 克左右。每头 9～12 瓣，分 3 层排列，最外层多为 3 瓣，第二层 3～4 瓣，第三层 3～6 瓣，各层蒜瓣的大小没有明显差异。蒜衣两层，淡红色，平均单瓣重 2 克。在当地可抽薹。

（34）忠信大蒜 广东省韶关地区地方品种，也是广东北部传统主栽品种。该品种株高 61 厘米，株幅 12 厘米，假茎高 29 厘米。全株叶片数 14 片，最大叶长 34 厘米，最大叶宽 2 厘米。蒜头近圆形，横径 2.6 厘米，纵径 2.5 厘米，外皮淡紫色，平均单头重 13 克。每个蒜头有 5～9 个蒜瓣，分 2～3 层排列，最外层多为 1～2 瓣，第二和第三层少者 2 瓣，多者 7 瓣，第一层和第二层的单瓣重差异不大，第三层蒜瓣最小，平均单瓣重 1.4 克。蒜衣两层，紫红色。在当地不抽薹。

（35）应县大蒜 山西省应县地方品种，有紫皮和白皮两种，以紫皮为主。该品种植株长势旺盛，叶片深绿，有蜡粉。蒜头扁圆形，横径 5 厘米左右，外皮紫色，平均单头重 32 克，大者达 40 克以上。每头蒜有 4～6 瓣，少数为 8 瓣，蒜瓣肥大而匀整，肉质致密，辛辣味浓，品质好。蒜衣紫红色。

当地于 3 月下旬至 4 月上旬播种，6 月下旬至 7 月上旬采收蒜薹，7 月下旬至 8 月上旬采收蒜头。

（36）来安大蒜 安徽省来安县地方品种。该品种植株生长健壮，是青蒜、蒜薹和蒜头生产兼用品种。蒜薹粗而长，平均长 60 厘米左右，绿色，色泽鲜艳，单根重 35 克左右，食之甜辣嫩脆，品质好，耐贮藏。蒜头外皮白色，蒜瓣肥大，每头 6～7 瓣，多者 10 余瓣。味浓，质地脆，外皮易脱落，适宜脱水加工。蒜头单头平均重 40 克。当地薹用大蒜的适宜播种期为 9 月下旬至 10 月上旬。行距 27～33 厘米，株距 6.5～7 厘米，或行距 17 厘米，株距 10 厘米，每亩产蒜薹 500～600 千克，每亩产蒜头 700～750 千克。因蒜衣容易剥离，适宜加工成脱水蒜片，产品内销和出口，以蒜片创国优产品。

(37) 舒城大蒜　安徽舒城地方品种。为安徽大蒜出口品种之一，鳞茎大，外皮白色，蒜瓣抱合较紧，每个蒜头 6～9 瓣。含水少，辛辣味浓，品质优。蒜薹长 60～90 厘米。生育期 260 天左右。耐寒，抗病虫，每亩产蒜薹 150～200 千克、蒜头 500 千克以上。

(38) 襄樊红蒜　湖北省襄阳市郊区地方品种，经多年选择成为以收蒜薹为主兼收蒜头的优良品种。该品种株高 87 厘米，假茎长 35 厘米，粗 1.5 厘米。全株 10～11 片叶。蒜头近圆形，外皮白色，横径 4.5 厘米，单头重 22 克。单头 9～11 瓣，分两层排列，瓣形整齐。蒜衣淡紫黄色，平均单瓣重 3 克左右。抽薹性好，蒜薹长 48 厘米，粗 0.8 厘米，单薹重 13 克。

(39) 吉阳白蒜　湖北广水市农家品种，主产于广水、安陆两市交界的吉阳山周围，为广水市外贸出口品种之一。该品种株高约 92 厘米，叶肉肥厚，纤维少，香味浓，绿色，全株有叶 8～11 片，叶较长，假茎粗壮，高约 40 厘米。蒜薹粗壮均匀，脆嫩，长 70 厘米，绿白色，单薹重 35 克左右。蒜头洁白，皮薄汁多，甜味适中，品质上等，单头重 39 克。有蒜瓣 8～9 瓣，单轮排列，蒜瓣近三棱形，长 3.6 厘米，横径 2 厘米，重约 4 克。全生育期 235～255 天，蒜薹、蒜头兼收。该品种适应性强，较抗病，耐寒耐热，一般每亩产蒜薹 350～500 千克、蒜头 300～700 千克。

(40) 上高大蒜 江西省著名大蒜地方品种。该品种株高 70～90 厘米，假茎高 25～30 厘米，粗 1.2 厘米，假茎下部紫红色。最大叶长 60 厘米，最大叶宽 2 厘米，叶色深绿，叶片厚，纤维少，表面有白色蜡粉。蒜头扁圆形，横径 4～6 厘米，外皮紫红色，单头重 45～75 克。每个蒜头有 6～8 个蒜瓣，蒜衣紫红色，瓣肥厚，辛辣味浓，品质优良。耐涝、耐寒，较早熟，生育期 210 天。

上高大蒜在当地作蒜苗栽培时，于 8 月中旬至 9 月上旬播种，11 月至翌年 2 月采收，每亩产 2000～2500 千克；作蒜薹及蒜头栽培时，9 月底至 10 月中旬播种，翌年 4 月中旬收蒜薹，每亩约产 250 千克，5 月中旬收蒜头，每亩约产 500～600 千克。

(41) 都昌大蒜 江西省都昌县地方品种。该品种株高 60 厘米，假茎高 15 厘米，粗 1 厘米。最大叶长 50 厘米，最大叶宽 3 厘米，叶片深绿色，有白粉。蒜头扁圆形，横径 5 厘米，外皮紫红色，单头重 30 克。每个蒜头有 8 个蒜瓣，分两层排列，蒜衣紫红色。蒜味浓，品质好，较耐寒，为当地薹、瓣兼用的优良品种。

当地于 9 月中下旬播种，行距 13 厘米，株距 7 厘米。翌年 3 月下旬至 4 月上旬采收蒜薹，每亩产 400 千克左右；4 月下旬采收蒜头，每亩产 500 千克左右。

(42) 海城大蒜 辽宁省海城市郊地方品种。该品种株高 75 厘米，株型较开张。叶片淡绿色，叶面有蜡粉。蒜头近圆形，外皮灰白色带紫色条纹，平均单头重 50 克左右，大者达 100 克，每头蒜有 5～6 瓣，蒜瓣肥大而且匀整，香辣味浓，捣出的蒜泥不易泻汤或变味。

当地于 3 月中旬播种，6 月上旬采收蒜薹，7 月上旬采收蒜头。每亩产蒜薹 100 千克，产蒜头 1000 千克。

（43）开原大蒜　辽宁省开原市地方品种。该品种株高 89 厘米，株幅 34 厘米，假茎高 34 厘米，粗 1.4 厘米。单株叶片数 10～11 枚，最大叶长 60.5 厘米，最大叶宽 2.7 厘米。蒜头近圆形，横径 4.7 厘米，外皮灰白色带紫红色条纹，平均单头重 32 克。每头蒜有蒜瓣 7～11 个，分两层排列，平均单瓣重 3.5 克。蒜衣一层，暗紫色，易剥离。当地于 3 月下旬播种，6 月中旬采收蒜头。

（44）白皮狗牙蒜　吉林省郑家屯地方品种。该品种株高 83 厘米，株幅 18 厘米，株型较直立，假茎长 35 厘米，粗 1.2 厘米。单株有 22 片叶，最大叶长 51 厘米、叶宽 2.2 厘米。抽薹率低，蒜薹细小。蒜头近圆形，横径 5 厘米左右，外皮白色，平均单头重 30 克左右，每头 15～25 瓣。蒜瓣呈 2～4 层排列，细而尖似狗牙状，平均单瓣重 1.2 克。蒜衣 1 层，淡黄色，难剥离。秋播区很少栽培。春播区 3 月中旬播种，7 月下旬至 8 月上旬收获。每亩产蒜头 600～750 千克。该品种多作为蒜苗栽培。

（45）宁蒜 1 号　黑龙江省农作物品种审定委员会 1990 年审定，黑龙江省宁安县（现为宁安市）农业科学研究所用当地紫皮蒜为材料，经辐射处理后选育而成。该品种叶片收敛，长势强，叶茂盛。株高 60 厘米左右。蒜薹直立，长 42 厘米左右，后期薹顶端弯钩状。蒜头重 45 克左右。在黑龙江省生育期 95～100 天，需活动积温 1280℃左右。平均亩产干蒜 356 千克。喜肥水，蒜头品质好，辣味浓，口感好，抗旱、抗病力强，耐贮运。

(46) 阿城大蒜 为东北各省大蒜栽培的主要品种，也是东北地区大蒜出口的主要品种之一。该品种植株生长健壮，叶色浓绿。蒜头横径可达 5 厘米，每个蒜头 6～7 瓣，蒜头平均重 30 克。成熟早，产量高，品质优良。

(47) 吉木萨尔白皮蒜 新疆吉木萨尔县地方品种，因蒜头大、蒜瓣肥、皮色白、品质好而著名，是新疆大蒜出口的重要品种。该品种株高 75 厘米，假茎长 15 厘米，粗 1.4 厘米，单株叶片 14 片，最大叶长 57 厘米，最大叶宽 2.5 厘米。蒜头扁圆形，横径 5 厘米左右，皮白色，平均单头重 37 克，大者可达 80 克。每个蒜头有蒜瓣 10～11 瓣，分两层排列，外层瓣重大于内层瓣重。蒜衣 1 层，淡黄色，平均单瓣重 3.5 克。抽薹率 95％以上，但薹短而细。

该地 4 月中旬播种，7 月下旬收获蒜薹，每亩收薹 100～150 千克；9 月上旬收获蒜头，每亩收 1500 千克左右。宜作春播青蒜和蒜头栽培。

(48) 伊宁红皮蒜 新疆伊宁县的地方品种。该品种株高约 90 厘米，假茎长 25 厘米，粗 1.6 厘米。单株叶片数 11～12 片。蒜头近圆形，横径 5 厘米左右，外皮紫红色，平均蒜头重 50 克左右，每头 6～7 瓣，分两层排列，蒜瓣匀称，差异较小，平均单瓣重 6 克左右。抽薹率高，但薹短而细，属于头用品种。

在当地作为秋播品种于9月下旬播种，翌年5月下旬至6月上旬收蒜薹，每亩收1100～1200千克；7月中旬收蒜头，每亩收1500千克左右。

(49) 昭苏六瓣蒜　新疆维吾尔自治区昭苏县地方品种。该品种蒜头近圆形，横径5～6厘米，外皮淡紫色。平均单头重50克左右。每个蒜头的蒜瓣数多为6瓣，少者4瓣，多者7瓣，分两层排列，内、外层蒜瓣数及蒜瓣大小的差异不大。瓣形肥大而整齐，蒜瓣背宽达2.2厘米，蒜衣一层，紫褐色，平均单瓣重6.8克。

当地于10月10日至10月20日播种，播种过早或过晚，越冬时易受冻害。翌年7月中旬采收蒜薹，8月中旬采收蒜头，生育期320天左右。耐寒性强，耐贮藏，可存放至翌年5月份。辛辣味浓，蒜泥可存放数天不变质。

(50) 四月蒜　湖南省隆回县地方品种。该品种株高53厘米。蒜头外皮紫红色，近圆形，整齐，横径4厘米左右，平均单头重27克左右。每个蒜头有蒜瓣8～9瓣，分两层排列，外层多为5瓣，内层3～4瓣，内、外层蒜瓣大小差异不大，瓣形整齐，平均单瓣重3克。瓣衣淡紫红色带紫色条斑，包被紧实不易剥离。抽薹率100%，蒜薹粗实。在当地为晚熟品种，5月上旬采收蒜薹，5月底至6月上旬采收蒜头。

(51) 茶陵蒜　湖南省茶陵县地方品种，是湖南省大蒜栽培面积最大的品种，属紫皮蒜。该品种株高61～66厘米。蒜头扁圆形，横径5.9厘米，平均单头重56克。每个蒜头有蒜瓣11～12个。香辣味浓，品质好，在当地为中熟品种。

（52）衡阳早薹蒜 湖南省衡阳市从隆安红蒜中选育的良种，具有中早熟、耐寒性强、抗病虫害、长势旺、蒜苗粗壮、抽薹早、优质高产等特点。该品种植株直立，株高 60 厘米，假茎粗壮，长 7～10 厘米，直径 2 厘米。单株叶数 8～12 片，叶长条形，绿色，蜡粉少，长 46 厘米，宽 3.2 厘米。青蒜单株重 95 克，最重达 125 克。蒜薹长 40 厘米，绿色脆嫩。蒜头外皮白色间紫红色，每头 18～25 瓣，瓣瘦小。宜作青蒜和早薹蒜栽培。

（53）拉萨紫皮蒜 西藏拉萨市郊地方品种。该品种蒜头扁圆形，横径 7.5 厘米，外皮紫色，易破裂，平均蒜头重 108 克；有 8～20 瓣，11 瓣左右的居多，平均单瓣重 10 克左右，蒜衣紫褐色。

当地于 3 月上中旬播种，7 月上中旬采收蒜薹，10 月下旬至 11 月上旬采收蒜头。

（54）下察隅大蒜 西藏自治区下察隅地区地方品种。该品种蒜头近圆形，横径 7.7 厘米，外皮紫红色。平均单头重 66 克。每头蒜有蒜瓣 9～10 个，蒜衣紫色。

当地于 8～9 月份播种，翌年 6 月下旬至 7 月上旬收获蒜头。

（55）拉萨白皮蒜 西藏自治区拉萨市郊地方品种。该品种蒜头扁圆形，大而整齐，外皮白色。平均单头重 150 克，大者达 250 克。每头蒜有蒜瓣 20 多个，蒜衣白色。耐寒、耐旱，抽薹率低。

当地可实行春、秋两季栽培，3 月上中旬或 10 月上中旬播种，8 月下旬至 9 月上旬收获蒜头。每亩产干蒜头 2500 千克左右。

(56) 江孜红皮蒜　西藏自治区江孜县地方品种。该品种株高 79 厘米，株幅 23 厘米，假茎高 35 厘米，粗 1.2 厘米。单株叶片数 13 片，最大叶长 51 厘米，最大叶宽 2.1 厘米。蒜头扁圆形，横径 6～7 厘米，形状整齐，外皮灰白色带紫色条纹，平均单头重 75 克，大者可达 100 克。有蒜瓣 7～9 个，分两层排列，内、外层蒜瓣数相近，外层蒜瓣略大于内层，平均单瓣重 9.2 克。蒜衣两层，紫红色，容易剥离。当地于 4 月上旬播种，9 月上旬收获蒜头。

(57) 格尔木大蒜　青海省大格勒一带地方品种。该品种以产蒜头为主，生育期 180 天左右。长势强，株高 40～50 厘米，植株开展度 25～30 厘米，假茎粗 1.6～2 厘米，抗寒、耐干旱。蒜头外皮紫红色，蒜瓣外深紫红色，内皮淡紫红色。蒜瓣 6～8 瓣，大小均匀，质地细嫩，香味和辣味浓，蒜泥黏稠，品质极优。蒜头纵径 4.5～5.5 厘米，横径 5～6 厘米，单头平均重 50 克以上，蒜瓣平均重 6.5 克左右。在当地为春播品种，9 月份收获蒜头。

(58) 广西紫皮蒜　广西壮族自治区南宁市郊地方品种。该品种株高 72 厘米左右，株幅 31 厘米左右，假茎高 24 厘米，粗 1.5 厘米。全株叶片数 11～12 片，最大叶长 48.8 厘米，最大叶宽 2.8 厘米。蒜头扁圆形，横径 4.5 厘米左右，形状整齐，外皮乳白色带紫色条纹，平均单头重 30 克。每个蒜头有蒜瓣 11～12 个，分两层排列，内、外层的蒜瓣数相近，各为 5～7 瓣，蒜瓣大小也相近，平均单瓣重 2.5 克。蒜衣两层，紫红色。抽薹性好，抽薹率 90％以上。蒜薹长 32 厘米，粗 0.74 厘米，单薹重

13 克。

(59) 隆安红蒜 广西壮族自治区隆安县地方品种，具有早熟、抗热、高产、优质等特点。该品种株高 57 厘米，假茎直径 1.7 厘米，根系发达，叶长 52 厘米，宽 1.5 厘米。青蒜产量高，味道鲜美。蒜薹易抽出，能在较高气温下抽薹。蒜头外皮紫色，每头 7 瓣，瓣小，单头重 11 克左右。每亩产青蒜 1800～2000 千克，或产蒜薹 700～800 千克、蒜头 400～700 千克，是早青蒜和薹、蒜头兼用的良种。

(60) 余姚白蒜 浙江省余姚市地方品种。该品种株高 70～90 厘米，株幅 30～45 厘米，假茎粗 1.6 厘米。蒜头外皮为白色，横径 4.6 厘米，单头重 38 克左右。每个蒜头有蒜瓣 7～9 个，蒜衣白色，平均单瓣重 5 克。

当地于 9 月下旬至 10 月上旬播种，翌年 5 月上旬采收蒜薹，5 月下旬至 6 月上旬采收蒜头。每亩产蒜薹400～500 千克、蒜头 1000 千克。

(61) 陆良蒜 云南省陆良县地方品种。该品种株高 67 厘米左右，株幅 30 厘米左右，假茎高 20 厘米，粗 1.5 厘米。蒜头近圆形，横径 4.5 厘米左右，形状整齐，外皮灰白色带淡紫色条斑，平均单头重 30 克。每个蒜头有蒜瓣 10～11 瓣，分两层排列，蒜瓣形状、大小整齐，内、外层蒜瓣数及重量的差异很小，平均单瓣重 3 克。蒜衣两层，暗紫色。抽薹率 94％以上，蒜薹长 29 厘米，粗 0.8 厘米，平均单薹重 13 克。

(62) 毕节蒜 贵州省毕节市地方品种。大蒜产区位于贵州西北部云贵高原东部丘陵地带，主要种植在海拔

1400～1700 米的地段。该品种株高 91 厘米，株幅 44.6 厘米，假茎高 32 厘米左右，粗 1.8 厘米。蒜头近圆形，横径 5.3 厘米，外皮淡紫色，平均单头重 50 克。每个蒜头有蒜瓣 11～13 瓣，分两层排列，蒜瓣间排列紧实，外层蒜瓣数一般比内层蒜瓣数少，但蒜瓣较大，平均单瓣重 4 克，大瓣重 5.5～6 克。蒜瓣肥大，背宽 1.5 厘米左右。蒜衣 1 层，淡紫色。抽薹率 98%～100%，蒜薹长 55 厘米，粗 0.9 厘米，平均单薹重 15 克。

当地于 8 月中下旬播种，翌年 5 月下旬采收蒜薹，6 月下旬采收蒜头。每亩产蒜薹 350～380 千克、蒜头 1200～1500 千克。

(63) 桐梓红蒜　贵州省桐梓县地方品种。该品种植株长势强，株型开张。叶片宽大，深绿色。蒜头外皮紫红色，平均单头重 17 克左右。每个蒜头有蒜瓣 10～11 瓣，分两层排列，蒜衣紫红色。蒜薹粗大，长约 70 厘米，粗约 0.7 厘米，平均单薹重 14 克。每亩产蒜薹 470 千克左右、蒜头 500 千克左右。耐寒性强。除适宜作以蒜薹为主的栽培外，因其叶片宽大，苗期生长快，还适宜作蒜苗栽培。

(64) 天津六瓣红　天津市宝坻区地方品种。该品种株高 65 厘米，株幅 25 厘米，假茎高 26.5 厘米，粗 1.5 厘米。蒜头扁圆形，横径 5 厘米左右，外皮淡紫色，平均单头重 30 克。每个蒜头的蒜瓣数一般为 6 瓣，少者 5 瓣，多者 7 瓣，分两层排列，内、外层各为 3 瓣，蒜瓣大小相近，瓣形整齐，排列紧实，蒜衣一层，暗紫色，平均单瓣重 4 克。

当地于 3 月上旬播种，翌年 5 月下旬采收蒜薹，6 月下旬采收蒜头。每亩产蒜薹 280 千克左右、蒜头 850 千克左右。该品种产区位于北纬 39°以北的平川地带，其特性介于低温反应中间型与低温反应迟钝型之间，在当地系春播品种。引至陕西杨凌（北纬 34°18′）秋播时，第一年基本可保持其优良种性，但用留蒜种再播种时便严重退化，蒜头显著变小，抽薹率降低。

(65) 柿子红　天津市农作物品种审定委员会 1987 年认定，天津地方品种。该品种株高 70 厘米，叶 9 片，浅绿色，蜡粉较少。蒜头扁圆，柿子形，横径 5～6 厘米，单头重 40 克。辣味适口，蒜皮易破裂，不耐贮运。每亩产干蒜 550 千克左右。

(66) 民乐大蒜　甘肃省民乐县地方品种。该品种株高 78 厘米，株幅 34 厘米，假茎高 12 厘米，粗 1.2 厘米。单株叶片数 16 片，最大叶长 66.5 厘米，最大叶宽 2.4 厘米。蒜头近圆形，横径 5.2 厘米，形状整齐，外皮灰白色带紫色条纹，平均单头重 50 克左右。每头蒜有蒜瓣 6～7 个，分两层排列，内、外层的蒜瓣数及大小无明显差异，蒜瓣肥大而且匀整，平均单瓣重 7 克左右。蒜衣两层，暗紫色。当地于 4 月上旬播种，7 月中旬采收蒜薹，8 月下旬采收蒜头。

(67) 临洮白蒜　甘肃省临洮县地方品种。该品种株高 95 厘米，株幅 24 厘米，假茎高 41 厘米，粗 1.1 厘米。单株叶片数 18 片，最大叶长 52 厘米，最大叶宽 2 厘米。蒜头近圆形，横径 5 厘米左右，外皮白色，平均单头重 33 克。每头蒜有蒜瓣 21～23 个，分 4～5 层排列，外层蒜瓣最大，向内逐渐变小，平均单瓣重 1.7 克左右。蒜衣一层，白色。当地于 3 月上中旬播种，7 月中下旬收获蒜头。抽薹性较差，蒜薹短而细。主要用作蒜苗栽培。

(68) 临洮红蒜　甘肃省临洮县地方品种。该品种株高 73 厘米，株幅 28 厘米，假茎高 21 厘米，粗 1.5 厘米。单株叶片数 15～16 片，最大叶长 57 厘米，最大叶宽 2.8 厘米。蒜头近圆形，横径 4.5 厘米，外皮浅褐色带紫色条纹，平均单头重 30 克左右。每头蒜有蒜瓣 12 个，多者 14 个，分两层排列，外层瓣数较少、较大，平均单瓣重 2.3 克。在产地可以抽薹。

(69) 土城大瓣蒜　内蒙古自治区乌兰察布市和林格尔县土城子乡地方品种。该品种株高 75 厘米，株幅 30 厘米，假茎高 15 厘米，粗 1.1 厘米。单株叶片数 8～9 枚，最大叶长 57 厘米，最大叶宽 2.6 厘米。蒜头近圆形，横径 4.6 厘米，外皮灰白色带紫色条纹，平均单头重 28 克左右，大者达 50 克。每头蒜有蒜瓣 8～9 个，一般分三层排列，最外层多为 1 瓣，重 4 克左右，第二层 4～5 瓣，平均单瓣重 2.5 克左右，第三层 3～4 瓣，平均单瓣重 1.8 克左右。蒜衣一层，紫红色。当地春播夏收，可抽薹。

(70) 紫皮蒜　内蒙古自治区农作物品种审定委员会 1989 年认定，内蒙古自治区地方农家品种。该品种株高 55～65 厘米，开展度 40～54 厘米，假茎高 16～21 厘米。成株 8～9 片叶，叶片细长，较厚，扁平实心，草绿色，鲜蒜头重 32～58 克。在内蒙古生育期 105～110 天。植株长势强，苗期抗寒，耐旱，抗盐碱，抗病性强，后期易受地蛆危害。易抽薹。辛辣味浓，品质好，耐贮藏。每亩产蒜薹 75～100 千克、鲜蒜头 750～900 千克。

(71) 二红皮蒜 内蒙古自治区农作物品种审定委员会 1989 年认定，由河北省保定市引入内蒙古自治区。该品种株高 56 厘米，开展度 45 厘米，假茎高 35 厘米。成株有大叶片 7～8 片，叶面光滑，有蜡粉。蒜头纵径 4.5 厘米，横径 5.4 厘米，蒜头外皮浅紫红色。蒜头重 80 克左右。苗期耐寒，较抗旱，耐盐碱，抗病。后期易受地蛆危害。蒜瓣辣味浓，品质中上，耐贮藏，每亩产鲜蒜头 1750 千克左右。

(72) 银川紫皮蒜 宁夏回族自治区银川市郊县地方品种。该品种株高 65 厘米，株幅 25 厘米，假茎高 17 厘米，粗 1.7 厘米。单株叶片数 13～14 枚，最大叶长 49 厘米，最大叶宽 3 厘米。蒜头近圆形，横径 4.3 厘米，外皮灰白色带紫色条纹，平均单头重 30 克左右。每头蒜有蒜瓣 8～9 个，分两层排列，外层 4～6 瓣，内层 3～5 瓣，内、外层单瓣重差异不大，瓣形整齐、均匀，平均单瓣重 3 克左右。蒜衣两层，紫红色。当地春播夏收，抽薹性较差，薹细小，而且有半抽薹现象。

(73) 超化大蒜 河南省新密市的名特蔬菜品种，其栽培历史悠久，在河南享有盛名，具有中晚熟、株壮、头大、优质高产等特点。该品种根系不发达，单株叶数 7～9 片。蒜薹粗壮，鲜嫩多汁。蒜头外皮紫色，个肥大，每头 5～6 瓣，单头重 40 克。蒜味浓郁，捣成蒜泥后久放不变味。该品种宜作蒜薹、蒜头或蒜黄栽培。

(74) 宋城大蒜 系河南农民从苏联红皮蒜中定向选

育而成。该品种植株长势强，叶色深绿，叶片宽厚，株型开张。蒜头直径 5 厘米左右，单头重 50 克左右，最大可达 120 克。抽薹率 70% 左右，蒜薹短而细，平均单薹重 5 克。一般每亩产蒜薹 150 千克左右、蒜头 1750 千克左右。主要用作蒜头栽培，也可作冬前早熟蒜苗栽培。

(75) 永年大蒜　河北省永年区地方品种，为白皮蒜，单头重 20 克，有 5～6 瓣，皮薄，辛辣味浓，普通栽培条件下每亩产蒜薹 250 千克左右、蒜头 500 千克左右。

(76) 中农 1 号　该品种株高 90～100 厘米，株幅 40 厘米，根系发达，生长势强，假茎粗大，一般 2.5～3 厘米，叶片上冲，茎秆强壮。蒜头大，蒜头直径 7～9 厘米，最大 11.5 厘米以上。蒜皮紫红色，蒜皮厚，不散瓣，耐运输，蒜瓣夹心少。蒜薹产量高，抽薹齐，每亩产蒜薹 700～800 千克。品质优，氨基酸、大蒜素、维生素明显优于普通大蒜，且不易感染病毒。该品种根系发达，活力强，耐旱、耐寒，活秆、活叶、活根成熟，是大蒜育种史上的重大突破，成为目前我国大蒜出口及内销的重要品种之一。

(77) 中蒜 1 号和中蒜 3 号　中国农业科学院蔬菜花卉研究所种质资源团队选育。是从山东和云南大蒜地方品种中发现的优异变异单株经 7～8 年连续繁育和鉴定评价而成的特选株系。两者均为紫皮蒜，植株生长势强，叶宽大且厚，假茎粗壮，抗病虫害，耐寒性强，尤其是越冬死苗少，初春解冻后幼苗返青快，生长健壮。主要产品器官——鳞茎商品性好，苗、薹可兼用，中蒜 3 号鳞茎大蒜素含量略高于中蒜 1 号。中蒜 1 号鳞茎单头鲜重 100 克左右，平均每亩产量 1600 千克左右；中蒜 3 号鳞茎单头鲜重 110 克左右，平均每亩产量 1650 千克左右，比北京主栽品种增产 20％以上。适宜北京乃至华北地区露地地膜覆盖或塑料棚越冬栽培。

(78) 龙金紫皮蒜　该品种具有中早熟、耐寒性强、抗病虫害、植株粗壮、整齐、产量高、优质等特点。其株高 65 厘米，叶片扁平呈折叠状，叶色深绿，严冬时很少枯尖，仍保持深绿色，叶长 45 厘米，宽 3.3 厘米。蒜头外皮紫红色，个较大，横径 4.6 厘米，高 4.1 厘米，每头 9～11 瓣，单头重 25 克，味辛辣香浓。宜作青蒜或蒜薹和蒜头栽培。

(79) 早薹蒜二号　山东农业大学园艺系和西北农业大学园艺系选育的大蒜品种，1997 年通过山东省品种审定委员会认定。该品种植株生长势强，高 75～80 厘米，最大叶宽 4 厘米。该品种的最大特点是抽薹早、抽薹率高，蒜薹产量高。

在陕西杨凌和山东泰安、成武、巨野等地，9 月中旬播种，翌年 4 月中旬采收蒜薹，5 月中旬采收蒜头。一般每亩产蒜薹 600～1000 千克、蒜头 750～1100 千克；高产田每亩可产蒜薹 800～1100 千克、蒜头 900～1300 千克。

(80) 苏联红皮蒜　1957 年从苏联引进。该品种植株高大，假茎粗壮，一般株高 85 厘米左右，假茎粗 1.5～2 厘米，高 40～50 厘米。叶色深绿，叶片长 50 厘米以上，宽 3～4 厘米。蒜薹较细，一般粗 0.4～0.6 厘米，黄绿色，纤维少，品质优；单薹重 7～10 克，耐贮性稍差。其蒜头肥大，横径 5.5 厘米，单头重 50 克，蒜皮红色，蒜瓣质脆，蒜泥黏稠，香辣味中等。该品种为秋播早熟类型，适于广大中原地区种植。

(81) 优美　我国新引进的意大利香辛类大蒜新品种。该品种早熟，株高 50～60 厘米，株幅 65 厘米，叶长 64 厘米，叶宽 4.6 厘米，青蒜横径 2.2 厘米，单株质量 150～200 克。叶绿色，叶面蜡粉少，青蒜入土部分白色，无球状蒜瓣，有浓郁蒜味，同时兼有大葱味，风味独特。产量高，抗病，耐寒性强，少有黄叶，品质佳。

第三章

大蒜安全优质高效栽培技术

1. 大蒜适宜播种季节如何进行确定？

大蒜的播种期因地区和品种而异，可分为秋播和春播。以北纬35°～38°为大蒜春播和秋播的分界线，北纬35°以南地区冬季不太寒冷，大蒜幼苗可自然露地越冬，多以秋播为主，来年初夏收获。北纬38°以北地区，冬季严寒，幼苗不能安全越冬，秋播易遭冻害，宜在早春播种，夏中或夏末收获。北纬35°～38°之间的地区春、秋播均可。虽然各地的具体播种期千差万别，但春播时的日平均温度一般在3～6℃之间；秋播时的日平均温度约在20～22℃之间。春播大蒜的生育期，尤其是幼苗生育期比秋播大蒜显著缩短，所以应尽量早播，以满足春化过程对低温的要求，使大蒜抽薹、分瓣。如春播过晚，势必影响产品的形成，降低产量。

我国北方主要地区大蒜栽培季节如表 3-1 所示。

表 3-1　我国北方主要地区大蒜栽培季节表

地区	春播		秋播	
	播种期	收获期	播种期	收获期
北京	3 月下旬	6 月下旬	9 月中下旬	翌年 6 月中旬
济南	2 月中旬	6 月上旬	9 月下旬	翌年 6 月上旬
郑州	—	—	8 月中旬	翌年 5 月下旬
长江流域	—	—	9 月中下旬	翌年 6 月上中旬
西安	—	—	8 月下旬至 9 月上旬	翌年 5 月下旬
太原	3 月中旬	6 月下旬至 7 月上旬	—	—
沈阳	3 月下旬	7 月上中旬	—	—
长春	4 月上旬	7 月中旬	—	—
哈尔滨	4 月上旬	7 月中旬	—	—
乌鲁木齐	—	—	10 月中下旬	翌年 7 月上中旬
呼和浩特	3 月中下旬	7 月中旬	—	—

2. 大蒜露地栽培如何进行土壤选择和整地做畦？

（1）土壤选择　大蒜对土壤适应能力较强，除了盐碱沙荒地外，均能生长，但是由于大蒜根系浅，吸收能力弱，因此，对土壤也有一定要求，以促使其能达到优质高产的目的。适宜大蒜种植的土壤首先应该符合无公害产地环境条件要求，其次要求有机质含量比较丰富，如肥沃而质地疏松的沙质壤土。沙土保肥保水力弱，生产的蒜头小，但辣味强。黏重土壤生长的蒜头小而呈尖形。由于大蒜对土壤水分要求较严格，既怕土壤干旱又怕水涝渍害，因此，选择的地块要具备灌溉和排水的条件。

（2）整地做畦　秋播大蒜应在前茬作物收获后，立即耕翻晒垡。由于夏秋雨水较多，为防田间积水，耕地不宜过深，一般以 18～20 厘米为宜。整地时应施足底肥，每亩施腐熟的优质圈肥 5000～6000 千克，如有条件最好施用饼肥，每亩施豆饼 70～80 千克或棉籽饼 80～100 千克，以提高土壤肥力。调查认为，亩产鲜蒜头 1250～1500 千克，土壤耕作层肥力应达到：含有机质 1.27％～1.35％、速效氮 70～85 毫克/千克、速效磷 10～20 毫克/千克、速效钾 100～200 毫克/千克。在晒垡过程中，要耕平耙细，消灭杂草，做到地面平整，上松下实。

春播大蒜一般要在前茬作物收获后于冬前进行深耕，耕前亦要施足有机肥，使其翻入土中。至翌年春土壤解冻后及时将地面整平耙细。

畦式规格因水源而定，在机灌地区，畦宽为 1～1.5 米，每畦栽 5～7 行。在井水灌区，则先按 20～23 厘米开沟播种，然后每 3 个垄背耙平 2 个，留 1 个作畦埂，使自然成畦，畦宽 60～70 厘米。

3. 大蒜如何选择种子和处理种子？

（1）种子选择　根据需要（如青蒜栽培、蒜薹栽培、蒜头栽培等）选择相应的蒜种。选种时应选择饱满、健壮、无病虫、无霉烂、能保持品种特征特性的种子作种瓣。

（2）剥瓣分级　先将种蒜晾晒 2～3 天，再剥下蒜瓣，去除茎盘，进行分级。把蒜瓣分大、中、小三级，选用大、中瓣作为蒜薹和蒜头的播种材料。"母壮子肥"，蒜种愈大，长出的植株愈苗壮。大瓣种蒜种发根多，根系粗壮，幼芽粗，鳞芽分化早，生产出的新蒜头大瓣比例高，蒜头重，蒜薹、蒜头产量高，种蒜效益也可以提高。

（3）打破休眠，促进提早发芽　为了打破大蒜休眠，使其提早发芽，做到苗齐，采取的办法有以下几种：①选择专业机构进行低温处理过的种子；②采用低温催芽法，将选好经过晾晒的蒜瓣用清水浸泡 12 小时，捞出沥干水分，放入冷库、冷柜、冰箱或者用绳子吊在井里（不触到水），经 0～5℃低温处理 20～28 天。在冷贮过程中要经常翻动蒜种或淋水，使其温度湿度均匀、出苗整齐一致。播种前，将选好经过晾晒的种瓣用 0.3% 的磷酸二氢钾水溶液浸种 6 小时，然后直接播种。

4. 大蒜露地栽培播种技术要点有哪些？

（1）适期播种　播种期对蒜薹和蒜头产量与品质都有很大影响。在适于秋播的地区，秋播延长了幼苗的生育期，积累的养分较多，比春播产量高。秋播大蒜的播种期以 9～10 月，月平均温度 20～22℃为宜。播种过晚，缩短了幼苗冬前的生长时间，易遭到冻害；播种过早，易出现复瓣蒜。春播由于幼苗生育期缩短，在适期下应尽量早播，当土壤刚开始化冻，10 厘米深地温 3℃以上时，就可顶凌播种。我国一些重要大蒜产区的播种期和收获期参见表 3-2。

表3-2 全国大蒜主要产区播种期及收获期

产区	品种	播种期	蒜薹收获期	蒜头收获期
广东	金山火蒜、新会火蒜、普宁蒜等	10月中旬	—	翌年3月上中旬
广西玉林地区	玉林红皮、玉林骨蒜	10月上旬	翌年2月下旬	翌年3月中旬
云南曲靖市越州镇	越州红皮	8月下旬至9月上旬	翌年3月中旬	翌年4月上旬
贵州毕节	毕节大蒜	8月中下旬	翌年5月中下旬	翌年6月中下旬
四川成都	金堂早	8月上旬至8月中旬	11月下旬	翌年2月中下旬
	二水早	8月下旬至9月上旬	翌年3月上中旬	翌年4月上旬
湖南茶陵、隆回、东安县	茶陵紫皮、四月蒜、东安紫蒜	9月中下旬	翌年4月下旬至5月上旬	翌年5月上旬至5月下旬
湖北襄阳市郊	襄樊红皮、二水早	8月下旬至9月上旬	翌年3月中旬至4月上旬	翌年5月上旬
江苏太仓	太仓白蒜	9月下旬至10月上旬	翌年4月下旬至5月中旬	翌年5月下旬至6月上旬
浙江慈溪、余姚、上虞、镇海等地	余姚白蒜	9月下旬至10月上旬	翌年5月上旬	翌年5月下旬至6月上旬
安徽来安、舒城	来安薹蒜、舒城白蒜	9月下旬至10月上旬	翌年4月中旬至5月上旬	翌年5月上旬至5月下旬
江西都昌、上高	上高紫皮	9月下旬至10月中旬	翌年3月下旬至4月中旬	翌年4月下旬至5月中旬
河南开封、中牟	宋城大蒜	9月中下旬	翌年5月中旬	翌年6月旬
山东苍山、济宁、金山、嘉祥	清棵蒜、糙蒜、苏联红皮蒜、嘉祥紫皮	9月下旬至10月上旬	翌年5月中旬	翌年6月上旬至6月中旬
陕西岐山县	蔡家坡红皮	9月下旬至10月上旬	翌年5月中旬	翌年6月上旬至6月中旬
天津宝坻区	天津六瓣红	3月上旬	5月下旬	6月下旬
陕西清涧县	清涧紫皮	3月上旬至3月下旬	6月上旬	7月上旬

续表

产区	品种	播种期	蒜薹收获期	蒜头收获期
甘肃民乐、临洮、武威	民乐大蒜、临洮白蒜、临洮红蒜、新疆大白蒜	3月上旬至4月上旬	7月中旬	8月中旬至8月中旬下
山西应县、太谷	应县大蒜、山西紫皮	3月下旬至4月上旬	6月下旬至7月上旬	7月下旬至8月上旬
宁夏银川市郊	银川紫皮、银川白皮	3月上旬	5月中下旬	7月中旬
新疆吉木萨尔、乌鲁木齐、巴里坤	吉木萨尔白皮	4月中旬	7月中下旬至8月上旬	9月上中旬
新疆昭苏县	昭苏六瓣蒜、伊宁红皮	10月中旬	翌年7月中旬	翌年8月中旬
辽宁开原	开原大蒜	3月下旬至4月上旬	6月中旬	7月中旬
吉林郑家屯	白皮狗牙蒜	3月下旬或近冬		7月下旬至8月上旬
黑龙江阿城	阿城紫皮、阿城白皮	4月上旬	6月中旬	7月中旬至8月上旬
西藏江孜县	江孜红皮	4月上旬		9月上旬
西藏拉萨市郊	拉萨紫皮	3月上中旬	7月上中旬	8月下旬至9月上旬

(2) 播种方法和方式

① 播种方法　播种方法依浇水的早晚有干播法和湿播法。干播法是先逐行逐畦或逐地块播种完后再统一浇水；湿播法是先浇水，然后趁墒播种，或逐沟边浇水边播种。依播种操作程序，有开沟播种法和直播播种法。开沟播种法，即先按行距开沟，再按株距摆蒜瓣，然后覆土，此法适合于干播法或趁墒湿播。开沟播种法比较费工，且播种的蒜瓣深度和方向不太一致。直播播种法是在雨后趁地湿润时，或先将地浇湿透，然后人站在畦垄上，按行株距要求，直接将蒜瓣用手插入湿软的泥土中，播后无须覆

土。播种时应注意蒜瓣的方位和播种深度。

a. 种瓣方位　由于大蒜叶生长的方向与蒜瓣背腹线的方向垂直，所以在播种时要求使蒜瓣背腹线的方向与播种行向一致，这样出苗后蒜叶就整齐一致地向行间伸展生长。为了使大蒜生长期间能更好地接受阳光，应尽量采用南北畦向，定方位播种。

b. 播种深度　大蒜适于浅播，一般播种深度以 3～5 厘米为宜。播种过浅易"跳蒜"，出苗时根系将蒜瓣顶出地面；播种过深出苗晚且弱，不利于以后蒜头膨大，产量低。具体的播种深度因播种季节、种瓣大小而不同。因春季土表温度高，所以春播蒜宜适当浅播，而秋播蒜可适当深播。大瓣蒜应适当深播，而小瓣蒜应适当浅播。

② 播种方式　大蒜的播种方式因做畦方式不同而不同，有平畦播种、高垄播种、高畦播种等。

a. 平畦播种　一般采用开沟播种。先做成宽 1.3～1.4 米的平畦，然后从畦的一侧开第一条沟，沟深 5～6 厘米，按一定株距将种瓣摆放在沟内；再按一定的行距开第二条沟，用开第二条沟的土将第一条沟中的种瓣埋住，以后按如此顺序进行。全畦播完后将畦面耙平并轻轻拍实，使种瓣与土壤紧密接触，以利于根系吸水，同时可防止灌水时将种瓣冲出土面，造成缺苗断垄。全部播完后灌水。

b. 高垄播种　有干播法和湿播法两种方法。干播法又有先做垄后播种和先播种后做垄两种方法。前者是在做好的高垄上开沟，摆好瓣，覆土，然后在垄沟中灌水；后者是在整平的土地上按宽窄行开沟，宽行 43 厘米，窄行 20 厘米，沟深 1.5 厘米，按株距将种瓣摆在沟内，然后在宽行的两侧取土盖在蒜种上，做成高垄，则原来的宽行变成垄沟，原来的窄行变成高垄。在垄沟中灌水。

湿播法也多按宽、窄行种植。先在窄行中开沟，沟宽20厘米，深3厘米，从沟中灌水，待水渗下后，按水印在沟的两侧各栽一行种瓣，再从宽行中取土将种瓣埋住，并形成高垄。原来的宽行变成垄沟，成为以后的灌水沟。湿播法的灌水量较小，可减轻早春大水漫灌使地温降低的弊端。同时，土面覆盖的是疏松的干土，可减少土壤水分蒸发，有利于保墒，所以出苗较早，苗生长较整齐。春播地区用湿播法播种，效果较好。

c. 高畦播种法　参见第四章"大蒜地膜覆盖栽培"技术。

⑤. 大蒜露地栽培播种密度和播种量如何确定？

（1）合理密植　确定密度应综合考虑品种特性、种蒜大小、播期早晚、土壤肥力、栽培方式和栽培目的等因素。生产中一般每亩以栽植3万株左右为宜，行株距为20厘米×（8～12）厘米。

一般以产蒜薹为主的早熟品种适宜密度为每亩4万～6万株，株距4～6厘米，行距20厘米，每亩用种量75～100千克。以产蒜头为主的大头蒜品种适宜密度为每亩2万～3万株，株距为8～11厘米，行距为20厘米。蒜薹和蒜头兼收的，适宜密度为每亩3万～4万株，株距为6～8厘米，行距为20厘米。另外，株型开张的品种播种宜稀，叶形直立紧凑的品种播种宜密；土壤肥沃的田块播种宜稀，土壤瘠薄的田块播种宜密；地膜覆盖栽培的播种宜稀，一般为每亩 3 万株左右；独头蒜播种宜密些，一般为每亩 6 万株左右。春播的早熟红皮蒜为每亩 5 万～6 万株，狗牙蒜为每亩 5 万株。在此范围内，具体栽植时掌握的密度应以种瓣大小为标准，大瓣种可稀些，小瓣种可密些。垄作时密度可稍小，一般可根据蒜瓣大小每亩栽 2 万～3 万株。

(2) 播种量 以收蒜头为主的，株行距为 (8～11)厘米×(20～25)厘米，每亩栽 3 万株左右，播种量 150 千克左右。以收蒜薹为主的，株行距为 (6～8)厘米×(15～20)厘米，每亩栽 5 万株左右，播种量 200 千克左右。独头蒜株行距为 (5～8)厘米×(10～20)厘米，每亩栽 6 万株左右，播种量 300 千克左右。

6. 秋播大蒜如何进行中耕除草？

蒜苗杂草种类比较多，而且分期出苗，很难用除草剂一次除净，必须分期喷药防除。播后苗前，可选用扑草净，对防除蒜地的马唐、灰灰菜、蓼、狗尾草等有效。50％的扑草净乳油亩用药 100～150 克。西马津和阿特拉津亩用药 120～240 克。除草通亩用药 35～65 克。

对以单子叶禾本科杂草为主的蒜田，每亩用大惠利 120～150 克于播种后 5～7 天（出苗前）加水 30～50 千克稀释，晚间喷雾。以双子叶阔叶草为主的蒜田，每亩用 25％恶草灵乳油 120～150 毫升，或 24％乙氧氟草醚乳油

45～60毫升，于播种后7～10天（出苗前）加水40～60千克，晚间喷雾。蒜苗幼苗生育期，当杂草刚萌生时即进行中耕，同时也除掉了杂草，对株间难以中耕的杂草也要及早拔除，以免与蒜苗争肥。

大蒜二叶后根据杂草种类使用精喹禾灵、乙氧氟草醚、蒜草净等任一种农药除草。蒜田除草农药用量和浓度应严格按照使用说明，防止产生药害。

7. 如何科学收获蒜薹和蒜头？

（1）蒜薹 采收蒜薹掌握的标准：第一，蒜薹弯曲呈大秤钩形，苞上下应有4～5厘米，呈水平状态（称甩薹）；第二，苞明显膨大，颜色由绿转黄，进而变白（称白苞）；第三，蒜薹近叶鞘上有4～5厘米长变为淡黄色（称甩黄）。具备上述三大特征的蒜薹优质耐贮。秋播温和区采薹时间：早熟品种在4月中旬前后，中、晚熟品种在5月上旬，在温暖的南方可提早到3月。春播区采薹时间多在6月中下旬至7月。

正确的取薹方法应该在取薹前5～7天停止浇水，于上午10时后温度尚高时，蒜薹刚开始伸出叶鞘后，打小弯时用力猛向上提（此法对于部分属于苏联红皮蒜类型蒜薹短细的品种可以拔出）。如果仍然难以拔出，可以从假茎中部即倒数第3～4叶处用针划破把薹取出，此法虽也属于剖茎，但因部位较高，假茎仍呈直立状，避免了叶片的倒伏。采薹时要尽量保护功能叶，尤其是最上部的1～2片叶片，功能叶此时生理功能最强，对蒜头的膨大影响作用最大，如果收薹时随意掰掉，将会严重影响蒜头产量。

（2）蒜头 蒜头适期收获的形态特征是：大蒜植株的基部叶片大都干枯，假茎松软，用力向一边压倒，表现不脆而有韧性，一般在采薹后 20 天左右为收干蒜头的适期。秋播温和区蒜头的收获时间，早熟品种在 5 月上中旬，中、晚熟品种在 6 月上中旬；温暖的南方最早的在 3 月，一般在 4～5 月初。春播寒冷区一般在 7～8 月，最晚的晚熟品种可延迟到 9 月初。

大蒜收获前 1～2 天要浇 1 次小水，以方便收获。土壤比较松软的可以拔收；土壤比较紧实的需要用工具刐松蒜头周围的土壤，然后拔收。收后捆成捆，运到晒场开捆一排一排摆到地面，后一排的蒜叶盖着前一排的蒜头，只晒蒜叶不晒蒜头。2～3 天后，蒜叶失绿干枯，即可编辫。收获和晾晒期间不要受雨淋，否则蒜秧和蒜头腐烂，蒜头散瓣。

8. 大蒜地膜覆盖栽培有哪些关键技术？

大蒜采用地膜覆盖栽培，具有增温保墒、省水保肥和早熟高产等特点。一般比露地栽培生育期提前 7～10 天，增产 15%～30%，经济效益明显提高。

华北地区秋季采用地膜覆盖的方式栽植大蒜，能够使大蒜提早上市，增加产量。现介绍大蒜秋季地膜覆盖栽培技术：

（1）选地与施肥 大蒜属浅根系蔬菜，根系主要分布在 25 厘米以上的表土层内，对水肥反应较为敏感，具有喜温、喜肥、耐旱等特点。大蒜适宜在肥沃的沙质壤土地种植，一般选用地势平坦、排灌方便的地块，忌重茬，避免与葱、韭连作。

覆膜大蒜需肥量较大，以腐熟的农家肥为主，化肥为辅，增施磷钾肥或大蒜专用肥，重施基肥，一般占总施肥量的 70%，要求每亩施土杂肥 4000～5000 千克或禽粪肥 1000～1500 千克，饼肥 200 千克左右，大蒜专用肥或三元复合肥 40～50 千克。施肥后深耕细耙，使地面平整，土壤疏松。整地做畦时达到肥土均匀，畦面平整，土块细碎，上虚下实。以小高畦为好，既便于提高地温，又便于管理。苍山蒜区的畦型规格是：高畦底部宽 100 厘米，上部畦面宽 70 厘米，沟宽 20～30 厘米，畦高 8～12 厘米。在生产上由于传统习惯，也有采用平畦覆盖地膜的。

(2) 选择优良品种 可选择优质山东苍山大蒜或金乡大蒜，这两个品种植株生长健壮，耐寒性强，抽薹率高，每个蒜头有 7～8 瓣，外皮稍带紫红色，皮薄，蒜瓣肥大，辣味浓，品质好，耐贮藏，适于秋栽，还是重要的出口品种。

(3) 播种

① 种瓣选择与消毒 播前掰蒜时要从蒜瓣数符合原品种特性、无散瓣的蒜头中选择无霉变、无伤残、无病虫、瓣形整齐、蒜衣色泽符合原品种特性、质地硬实的蒜瓣。选瓣时要将蒜瓣大小分级，大蒜瓣贮藏的养分多，长出的幼苗苗壮，蒜薹粗，蒜头大，蒜头中瓣数多，大蒜瓣

占的比例高，商品价值也高。要按种瓣大小分级分畦播种，使植株生长整齐。

播前对种瓣进行处理，不但可以促进根系生长，使蒜苗健壮，产量提高，而且可以有效抑制蒜衣内、外部病菌滋生和蔓延，减少烂瓣，减轻地蛆危害，提高出苗率，减轻土传及种传病害的发生。据试验，利用白腐净处理种蒜效果最好，方法为每亩种瓣用 100 克白腐净兑水 3～4 千克喷种瓣，边喷边拌，让蒜衣均匀粘着药水，喷后稍晾即可播种，这样处理后因蒜衣已吸水，表面变粗糙，有利于播种。

② 适期播种　确定适宜播种期的基本原则有两条：一是满足种瓣萌发所需的适宜温度（16～20℃）；二是越冬期间有 5～7 片展开叶，可以安全越冬。北方蒜区适宜播种期为 9 月下旬至 10 月中旬，长江流域及其以南地区为 10 月中旬至 11 月上旬。播种过早，冬前生长过旺，抗寒性下降，生长后期下部叶片枯黄，植株早衰，从而减弱大蒜鳞茎膨大期的光合作用和养分的积累，使蒜头变小；播种过晚，越冬时苗小，积累养分少，抗寒力下降，全生育期特别是营养生长期（茎、叶生长期）缩短，叶片数减少，叶面积也较小，蒜头小，产量低，蒜瓣数量减少，蒜薹产量也低，经济效益不高。在适播期内应先种小蒜瓣再种大蒜瓣。

③ 合理密植　合理密植是高产的基础。大蒜的产量由单位株数和单株蒜重构成，应按品种特点做到适当密植。大蒜地膜覆盖栽培适宜的播种密度为每亩 2.2 万～2.5 万株，行距 20～25 厘米，株距 10～12 厘米。栽种深

度为 3 厘米左右，播后将地面拍平。播种过密，蒜头变小，种瓣平均重量下降，小蒜瓣比例增多，单位面积产量虽然能提高，但蒜头和蒜瓣质量下降；密度太低，蒜头增大，蒜瓣平均重增加，但由于单位面积的株数减少，单位面积产量随之下降。

④ 播种技术　播种时为达到苗齐、苗壮，还应掌握以下几点：播种沟深浅一致，蒜瓣大小一致，覆土厚薄一致，覆土厚 2～3 厘米；摆蒜时将蒜瓣背腹连线与播种行平行，出苗后植株叶片的分布方向就与播种行的方向相垂直，这样能减少叶片的重叠，使叶片能接受更多光照，增加光合产物的积累。

⑤ 喷药覆膜　大蒜地膜覆盖栽培必须在覆膜前喷洒除草剂，否则影响覆膜效果。可根据不同田块、不同草类选择除草剂。可用 33％施田补乳油 100～150 毫升/公顷、50％乙草胺乳油 2250～3000 毫升/公顷、24％果尔乳油 600～750 毫升/公顷，也可使用蒜草通杀、蒜草一次净、减草等大蒜田专用除草剂。水稻茬略比旱茬用量大一些。在大蒜播种后，选择上述除草剂，按用量兑水 900～1050 千克/公顷（当土壤干旱时应喷水造墒或加大用水量），搅拌后均匀喷施，喷后覆膜，覆时膜面紧贴地面，埋好，压实，防止风刮鼓膜。

目前应用的地膜为普通聚乙烯透明膜（厚度 0.012～0.015 毫米）和微膜（厚度 0.007 毫米）。若地膜厚度超过 0.015 毫米，则大蒜幼芽不易穿透。采用宽度 95 厘米的地膜与上述畦式配合较为适宜，每畦可栽大蒜 5 行。若膜幅和畦面过宽，种植大蒜行数太多，浇水不易渗透。

(4) 田间管理

① 拉苗　当大蒜出苗 50％以上时进行破膜放苗，破膜可用尖铁丝在膜上扎孔，孔口直径掌握在 1 厘米左右。

② 追肥

a. 返青肥。越冬后气温逐渐回升，幼苗又开始进入旺盛生长期，应结合浇水追肥，用尿素 150～225 千克/公顷，以促进蒜苗迅速生长。

b. 孕薹肥。蒜种烂母后，花芽和鳞芽陆续分化进入花茎伸长期。此期旧根衰老，新根大量发生，同时茎叶和蒜薹也迅速伸长，蒜头也开始缓慢膨大，因而需养分多，应重施三元复合肥（15：15：15）150～225 千克/公顷。于现尾前 15 天左右（可剥苗观察假茎下部的短薹）施入，以满足需要，促使蒜薹抽生快、生长旺盛。

c. 蒜头膨大肥。早熟和早中熟品种，由于蒜头膨大时气温还不高，蒜头膨大期相应较长，为促进蒜头膨大，须于蒜薹采收前追施速效氮、钾肥。可施三元复合肥（15：15：15）75～150 千克/公顷，或单施尿素 75 千克/公顷左右，不能追施过多，否则会引起已形成的蒜瓣幼芽返青，又重新长叶而消耗蒜瓣的养分。追肥应于蒜薹采收前进行，当蒜薹采收后即有丰富的养分促进蒜头膨大。若追肥于蒜薹采收后进行，则易导致贪青减产。若田土较肥沃，蒜叶肥大色深，则可不施膨大肥。中、晚熟品种由于抽薹晚，温度较高，收薹后一般 20～25 天即收蒜，故也可免追膨大肥。

③ 水分管理

a. 幼苗中后期　该期以越冬前到退母结束为标志。此阶段较长，也正是大蒜营养生长的重要时期。越冬前许多地方降雨已明显减少，土壤较干，应浇越冬水；越冬后气温逐渐回升，幼苗又开始旺盛生长，应于追返青肥后及时浇水，以促进蒜叶生长、假茎增粗。

b. 抽薹期　蒜苗分化的叶已全部展出，叶面积增长达到顶峰，根系也已扩展到最大范围，蒜薹的生长加快，此期是需肥、水量最大的时期，应于追孕薹肥后及时浇抽薹水，以水促苗。收薹前 2～3 天停止浇水，以利于贮运。

c. 蒜头膨大期　蒜薹采收后立即浇水以促进蒜头迅速膨大和增重。收获蒜头前 5 天停止浇水，控制长势，促进叶部的同化物质加速向蒜头转运。

④ 病虫害防治　大蒜生育中期是蒜蛆为害的第 2 个高峰期，也是叶枯病的重发时期，因此务必重点做好防治工作。另外还有锈病、软腐病、花叶病的防治等。

（5）采收

① 采收蒜薹　一般蒜薹抽出叶鞘，并开始甩弯时是收获蒜薹的适宜时期。采收蒜薹早晚对蒜薹产量和品质有很大影响。采薹过早，产量不高，易折断，商品性差；采薹过晚，虽然可提高产量，但消耗养分过多，影响蒜头生长发育，而且蒜薹组织老化，纤维增多，尤其蒜薹基部组织老化，影响食用。

② 收蒜头　收蒜薹后 15～20 天（多数是 18 天）即可收蒜头。适期的标志：叶片大都干枯，上部叶片颜色褪成灰绿色，叶尖干枯下垂，假茎处于柔软状态，蒜头基本长成。收获过早，蒜头嫩而水分多，组织不充实，不饱满，贮藏后易干瘪；收获过晚，蒜头容易散头，拔蒜时蒜瓣易

散落，失去商品价值。收获蒜头时，硬地应用铁铲挖，软地直接用手拔出。起蒜后摆放：后一排的蒜叶搭在前一排的蒜头上，只晒秧，不晒头，防止蒜头灼伤或变绿。应经常翻动，2～3天后茎叶干燥即可贮藏。

9. 大蒜小拱棚秋播早熟栽培关键技术有哪些？

近年来，利用小拱棚覆盖地膜来提早大蒜收获期，提前供应市场，取得了较好的经济效益，其主要栽培技术介绍如下：

（1）品种选择 大蒜秋播早熟栽培宜选用较早熟的品种，如鲁蒜王1号，该品种蒜头、蒜薹产量高，且出薹早，蒜头上市早，耐热、抗寒、抗病，适应性强，用途广，市场销路好，是目前效益最好的大蒜品种之一。蒜头直径5～7.5厘米，蒜皮厚，不散瓣，商品性好，没有二次生长现象，蒜头可比普通大蒜提早上市7～10天。

（2）适期播种 在鲁中南地区，大蒜多在9月下旬至10月上旬播种，栽后7～9天出苗，越冬时蒜苗高达25厘米以上，具4～5片叶，不定根30条左右，有利于安全越冬。

（3）定植 每亩施腐熟优质圈肥6000～7500千克，深翻后整平，筑成平畦，采用小高畦栽培，畦面宽80厘米。播种前精选种蒜，剔除伤瓣、小瓣，并按蒜瓣大小进行分级，分别栽种。每畦栽5行，行距18～20厘米，株距9～10厘米，每亩栽2.2万～2.7万株。栽种后浇水，覆盖地膜，若膜幅和畦面过宽，种植大蒜行数太多，浇水不易渗透。覆膜时，地膜要紧贴畦面，四周压紧、压实。

（4）田间管理

① 及时破膜查苗　大蒜幼苗出土后，及时在苗的上方划口，使其露出膜外，破口越小越好。在蒜薹和蒜瓣分化期间，仍需保护好地膜，以利于保温。蒜薹露苞前后可撤去地膜，彻底清除杂草，轻松土，使植株生长健壮。

② 扣小拱棚　翌年1月底至2月初，在大蒜畦上扣小拱棚。

③ 浇水施肥　播种后立即浇1遍透水，以利于出苗。扣棚7～10天后，大蒜开始返青，每亩顺水冲施硫酸铵20千克左右。从蒜薹分化到提薹前，及时浇水，保持地面湿润。一般7～8天浇1次水，提薹后浇1次透水，以后根据墒情再浇水2～3遍，促进蒜头生长。

④ 温度管理　控制小拱棚内白天温度在16～20℃，夜间6～10℃，以利于大蒜生长，3月下旬至4月上旬，加强通风，撤除薄膜，使其在自然光照下生长。

（5）适时收获　4月下旬至5月上旬提蒜薹，5月中下旬收大蒜。蒜薹收获有很强的季节性，蒜薹成熟的标志：蒜薹弯大钩，花苞明显变大，颜色由淡黄变白。选择晴朗的天气采收，中午至午后3时为理想提薹时间，提薹后18天为蒜头收获适期。蒜头成熟的形态标志：植株大部分叶片枯干，假茎变软。根据市场行情，还可以适当早收获，早上市。

10. **青蒜苗小拱棚栽培关键技术有哪些？**

秋播地区根据蒜苗的上市期又有早蒜苗（当年秋、冬上市）和晚蒜苗（翌年早春上市）之分，二者的栽培方式不尽相同。

（1）品种选择 生产上一般将大蒜瓣用于蒜头和蒜薹栽培，将剩下的小蒜瓣用于蒜苗栽培，或者选用蒜瓣数多、瓣小的品种。如果不重视品种选择，所用蒜种又小，将会影响蒜苗的产量和品质。要达到蒜苗的高产、优质和高效，应重视品种的选择。用于蒜苗栽培的优良品种，一般应具备以下条件：休眠期短，出苗快，苗期生长快，假茎粗而长，叶片宽大肥厚，黄叶或干尖（叶片上部干枯）现象轻。目前，秋播地区适宜作蒜苗栽培的品种有：软叶蒜、彭县早熟蒜、云顶早蒜、二水早、四月蒜、金山火蒜、崇明大蒜、太仓白蒜、徐州白蒜、福鼎紫皮蒜、棕叶大蒜、隆安红蒜、苍山糙蒜、永年白皮蒜、新乡早蒜、普陀蒜、蔡家坡红皮蒜、耀县红皮蒜及陆良蒜等。春播地区适宜作蒜苗栽培的品种有：张掖白皮蒜、江孜红皮蒜、白皮狗牙蒜、格尔木白皮蒜、阿城紫皮蒜、阿城白皮蒜、土城大瓣蒜、土城小瓣蒜、宁蒜1号、海城大蒜等。

（2）整地施肥 秋播地区早蒜苗的主要前茬多为小麦、黄瓜、西葫芦、矮架番茄、菜豆等，后茬可种越冬菜或冬季休闲。晚蒜苗的前茬与蒜薹、蒜头栽培相同。前作收获后随即浅耕（10～13厘米）灭茬，然后犁第二遍，深17～20厘米，进行晒垡，雨后耙糖，碎土保墒。做畦前每亩施腐熟圈粪3000～4000千克，浅翻10厘米，使肥料与土壤混合，整平土面后做成宽1.5～1.7米的平畦。

（3）蒜种播前处理 早蒜苗的播种期处于7～8月份高温季节，种瓣的休眠期尚未完全结束，田间的高温也对蒜瓣的发芽不利，如果播种前不经过特殊处理，播种后发芽缓慢，出苗不整齐，出苗后生长也缓慢。经人为打破休眠处理，不仅可早播早出苗，加速生育进程，而且可显著提高青蒜产量。因此，播前打破休眠是青蒜生产重要的蒜种处理技术。处理的方法有：①将蒜瓣在井水中浸1昼夜后播种，但浸种时间不能过长，以免引起种瓣腐烂；②浸种后，剥去蒜皮播种，可提早半月左右采收；③将已剥皮的蒜瓣用清水淘洗，取出后立即放在地窖中，保持15℃的温度和一定的湿度，使之在较密闭的环境条件下发根，约经10天左右大部分蒜瓣发根后即可播种；④用清水或尿液浸种1昼夜后平摊在湿润的地面或湿草上，上面再薄盖湿草，促使早萌芽发根；⑤将蒜瓣喷湿后，有条件的可存放在冷藏库或冷藏柜中，以2～4℃低温处理2～4周，以促进种瓣内酶的活动，使之及早出芽发根。播种后出苗早而整齐，可提早15～20天采收。

晚蒜苗的播期较晚，种瓣已度过休眠期，田间温度已下降，不需要进行蒜种播前处理。

(4) 播种

① 播种时期　蒜苗的栽培季节，取决于当地气候条件、计划上市时间、品种和栽培方式等。

早蒜苗露地栽培一般在夏秋季节播种，从5月上旬至8月中下旬均可播种。如陕西关中早蒜苗一般在7月中下旬至8月中下旬播种；重庆地区利用早熟品种进行蒜苗栽培可提早到夏至（6月下旬）；四川的川西早蒜苗于立夏（5月上旬）至处暑（8月中下旬）陆续播种。早蒜苗播种越早，气温越高，越不利于出苗。

秋播地区一般晚青蒜苗播种最适时期是使植株在越冬前长到5～6片叶，此时植株抗寒力最强，在严寒的冬季不至于被冻死。长江流域及其以南地区，一般在8月下旬至11月上旬播种。8月下旬至9月上旬播种秋青蒜，后期用风障和草苫防冻，供应元旦市场；10月上旬在阳畦播种青蒜，用风障、薄膜和草苫保护越冬，产品供应期为翌年2月上旬至4月上旬；11月上旬还可在风障畦播种青蒜苗，蒜种在土内越冬，翌年萌发长成青蒜，供应清明后市场。如陕西关中晚蒜苗一般在9月分期播种，重庆地区于9月上旬至10月下旬播种，川西晚青蒜苗于9月中下旬播种。春播地区一般深秋至初冬上市的晚青蒜苗在5月下旬至6月中旬播种。各地可根据前后作茬口衔接及市场需求，灵活安排种植时期。

② 播种方法　早蒜苗播种方法有两种：一种是平畦撒播法，把蒜种先撒到畦内，然后按8厘米见方摆一瓣，并按入土中约3厘米，随即用邻畦的土再撒入10厘米厚，灌水后隔2天覆盖5～6厘米麦秸保墒降温，促进早出苗；另一种为开沟播种法，在已整好的平畦中按行距13厘米开沟，沟深12厘米左右，将经过冷凉处理的种瓣装在容器中，上面盖上湿布，以防日晒损伤幼根，按株距4～5厘米将种瓣摆在沟中，第一行沟摆完后再开第二行沟，随即将沟中土覆盖在先一行已播种的沟内，如此依次进行，全部播完后将畦面拍平，然后灌水。蒜苗栽培一般每亩用种量200～350千克，每亩保苗12万～15万株。

晚蒜苗的播种方法与早蒜苗相同。

（5）田间管理

① 水肥管理　早蒜苗播种后，当地面略干时，用耙子碎土保墒，以利于出苗。大部分幼苗出土后轻浇一水，促进全苗。苗出齐后，随灌水每亩施尿素 10 千克或碳酸氢铵 25 千克。地面略干时中耕，蹲苗。待蒜苗叶片绿色加深时结束蹲苗，再随灌水施第二次追肥。以后视天气情况灌水，以使土壤保持湿润为原则。采收前 20～25 天，根据土壤干湿和蒜苗生长情况，灌水次数多一些，有利于蒜苗生长。坡地不能灌水者，追肥要勤、要淡、要多，以保持土壤湿润，利于蒜苗生长。

晚蒜苗冬前为确保安全越冬，应在灌冻水后覆盖圈粪或稻草。不覆盖的则应于地冻前锄地，以防土壤裂缝，使幼苗受冻。与玉米间作的晚蒜苗，当玉米棒收获后，将玉米秆在蒜苗行间顺着堆放，也可以起防寒保苗及促进幼苗生长的作用。翌年早春地开始解冻后锄地松土，结合浇返青水，追施返青肥，每亩施尿素 15 千克或碳酸氢铵 37 千克，加速蒜苗生长。

② 中耕　大蒜从播后至苗前采用化学除草一般能控制全程草害的发生，但由于干旱或多雨等不利因素影响，难以达到预想的效果，需进行中耕锄草；同时，中耕还有利于改良土壤的理化性状，改善地温，促进根系生长。早青蒜和晚青蒜从播种到收获，根据土壤墒情、蒜苗生长状况和杂草丛生情况，可中耕 2～3 次。中耕必须细致，以保证蒜苗生长一致。播种至出苗前中耕就是为了除草和保墒降温，中耕有时会伤及种蒜，所以宜进行 1 次 1～1.5 厘米深的中浅锄。或蒜种播后可覆盖秸秆遮阴降温保墒，

喷洒除草剂，可免去中耕。在齐苗后，土壤墒情好的，先浅锄保墒。以后当杂草刚萌生时即进行中耕，既保墒又除掉了杂草，对株间难以中耕的杂草应及早手工拔除。蒜苗封垄以后，应停止中耕松土，以防止损伤根系和叶片，影响产量；如有杂草，宜人工排除。

(6) 采收

① 采收时期　青蒜苗采收没有很严格的标准，可根据市场需求调节采收时期。一般蒜苗具有 4～5 片嫩叶、苗高 20 厘米以上时，可陆续分批选收。早蒜苗于 10 月份开始陆续采收至 12 月份，一般每亩产 3000 千克左右，高产者可达 4000 千克。晚蒜苗于翌年早春便可开始采收，供应期约 2 个月，一般每亩产 3000 千克左右。

② 采收方法　蒜苗采收一般采用挖收法，即一次连根挖起。为延长供应期，增加产量和收益，一块田应分批隔株采收，收大留小。

也可以采用割收法。选晴天，在离地面 1 厘米处用刀像割韭菜一样割苗采收，收后加强肥水管理。第二次采收时连根挖起。实行二次采收，可以提高产量。

每次采收的鲜嫩蒜苗，可在田间分级整理，去掉根部的泥土，摘除黄叶、枯鞘，根据市场消费习惯，按 1.5～3.0 千克/捆扎成大小一致的捆把上市。

11. **温室（大棚）青蒜苗栽培关键技术有哪些？**

(1) 整地施肥　大蒜种植需轮作换茬，应选择已轮作过其他非葱蒜类作物的地块进行耕翻，耕翻深度一般在 20

厘米左右，以细耕、耙平、耙实、没有明显土块为好。然后根据灌溉条件和大棚的宽度（一般为 6.5 米左右），做成长 50～100 米、宽 1.4～1.5 米的平畦。畦内施腐熟的有机肥（厩肥）45～60 吨/公顷，再根据土壤肥力适当增施复合肥 1500～2250 千克/公顷作为基肥，浅翻 10 厘米。

（2）**品种选择**　温室（棚）床式栽培多次收割的青蒜，应选择蒜头大、休眠期短、生长迅速、假茎长、不易倒伏、蒜瓣多而均匀的白皮蒜品种，如辽宁新民的白马牙蒜，吉林的白马牙蒜和白狗牙蒜，黑龙江阿城紫皮蒜，北京、吉林、河北、山东等地的白皮蒜等。设施畦栽青蒜，品种选择与露地青蒜栽培基本相同。利用拱棚秋冬茬生产青蒜苗时，要选用头大、瓣多、休眠期较短的大白皮品种，如苍山糙蒜、永年白蒜等，所选大蒜的蒜头直径要求在 4～5 厘米，大小均匀一致，这样有利于保证出苗齐、产量高。

（3）**蒜种处理**　床栽的，首先将选好的蒜头表层的碎皮剥去，然后用清水浸泡 1 天，使蒜瓣充分吸水，捞出后堆积 1 天，再挖掉茎盘，抽出残存花茎，准备栽种。地栽的，将种蒜瓣成蒜瓣，必要时进行浸种和低温催芽，以打破休眠和促进发芽。

打破蒜种休眠常用的方法是低温冷凉处理，需将经挑选的健壮蒜瓣喷湿后，存放于冷藏库中，以 2～4℃低温处理 2～3 周。

（4）**播种**

① 播种期　大蒜播种的最适时期是使植株在覆膜前长到 5～6 片叶，此时植株得到冬季低温锻炼，抗逆性增

强。冀中南地区一般从9月上旬至春节前后（在早春育苗或生产前）播种，可以生产4～5茬蒜苗。具体播期为：第一茬，9月上旬栽蒜，国庆节、中秋节上市，可收割2～3刀蒜苗（40～60天）；第二茬，10月中旬栽蒜，11月上旬至下旬上市，可收割1～2刀蒜苗（20～40天）；第三茬，11月末栽蒜，12月中下旬上市，可收割1～2刀蒜苗（20～35天）；第四茬，1月初栽蒜，1月末上市，只割1刀蒜苗（25天左右）；第五茬，1月底栽蒜，春节前后上市，只割1刀蒜苗（20～25天）。

② 播种方法　播种方法有蒜瓣条播密栽法和蒜头密栽法。

a. 蒜瓣条播密栽法　按行距13～16厘米、株距3～4厘米，或株行距5～6厘米在畦内开沟摆蒜。具体方法是：用锄头开一浅沟，将种瓣点播在土中。开好一条沟后，同时开出的土覆在前一行种瓣上。播后覆土厚度2厘米左右，用脚轻轻踏实，浇透水。播种时应将蒜瓣的背腹连线与行向平行，并将各行蒜瓣交错栽种，这样出苗后叶片就向行间伸展，不但排列整齐，而且可充分利用空间和阳光，增强叶片的光合作用。如果种蒜过小和播种密度很大时，可采取开沟撒播的方法播种。

b. 蒜头密栽法　先将畦内土壤取出一部分，掺入细沙作为覆盖土。然后按级将蒜头一头紧挨一头摆在蒜畦上，播时蒜头要挤严，保持直立，并且排播的蒜头上齐顶部要平齐，蒜头之间的空隙用散瓣蒜塞紧塞满，然后用挖出的掺沙土壤覆盖2～3厘米厚，用木板拍实压平即可。

③ 播种深度　设施青蒜苗采用蒜瓣条播密栽法，一

般播种适宜深度为 3～5 厘米；如果采用蒜头密栽法，覆土厚度为 2～3 厘米，以不露蒜种为宜，这样既有利于出苗，又可防止根发育后将蒜头顶起，方便蒜苗的采割。

④ 播种密度和播种量　设施青蒜苗的播种密度是由播种方法决定的。如果采用蒜瓣条播密栽法，即按行距 13～16 厘米、株距 3～4 厘米，或株行距 5～6 厘米在畦内开沟摆蒜，一般每亩需种蒜 250～400 千克。如果采用蒜头密栽法，按级将蒜头一头紧挨一头摆在蒜畦上，播时蒜头要挤严，每平方米用蒜头 15 千克左右，多者可栽到 18～20 千克。

（5）田间管理

① 适期追肥　为促进幼苗生长，增大植株的营养面积，苗期应适期追施速效肥，避免出现叶尖发黄现象，青蒜一般追 2～3 次肥。

播种后 1 个月（4～5 片叶时），结合浇水，每亩追施尿素 40 千克。

采收前 20 天，是反季青蒜苗生长速度最快的时期，也是决定鲜产量的关键时期，若养分不足，容易出现叶尖发黄，产量、品质都降低。为此，必须结合灌水，每亩追施三元复合肥（10：10：10）50 千克，以促进叶片快速增长、增加产量。

② 温度管理　摆蒜后，白天保持 25～27℃，夜间 22～24℃，使其尽快萌发出土。出苗以后，白天保持 18～20℃，夜间 15℃左右，使苗子健壮生长。如果温度高，蒜苗生长快，叶尖易失水萎蔫。收割前，白天保持 18℃左右，夜间 14℃左右，此时叶丛密集，光照很弱。如果温度

高，湿度又大，易引起叶鞘腐烂，叶色变黄，从而影响蒜苗产量和品质。

③ 水分管理

发芽期：播种后若土壤过干，须立即灌水，使土壤湿润，确保蒜苗出整齐。

幼苗期：齐苗 1 周后视土壤墒情确定是否进行喷浇，如遇秋雨要注意田间的排水；盖膜后青蒜幼苗又开始旺盛生长，若发现土壤较干应及时补水，以促进蒜叶生长、假茎增粗。

一般除摆蒜后灌 1 次透水外，只需再灌 2 次水。蒜苗高 10 厘米左右时灌第二次水，收割前 3～5 天灌第三次水。灌水量逐次减少，灌水的水温最好在 20℃左右。

为增加蒜苗假茎的高度，可在生长期间培沙 2～3 次。

地栽蒜苗管理时，温度比床栽蒜苗稍低，灌水量也应减少。

④ 除草

a. 土壤封闭　在播种覆土后，结合播种灌水，在土壤墒情较好的情况下，用 33％二甲戊乐灵乳油 3 升/公顷兑水 225～300 千克/公顷，表土喷雾。

b. 中耕除草　一般经过以上处理后，田间基本无杂草，如在蒜苗幼苗生长期间，仍有少数杂草，应结合中耕及早拔除。

⑤ 病虫害防治　大棚青蒜在播后至覆膜前，一般温度较低不利于病害的发生。当塑料薄膜覆盖后，棚内温度高于棚外，特别在晴天中午前后温度可达 20℃以上，加上棚内相对湿度较高，有利于病害的发生，因此要加强观

察，一旦发现病害迹象，应及时喷施杀菌剂进行防治或保护。

⑥ 搭架覆膜 冬至过后，青蒜经过几次低强度寒流的适应，具有一定的抗逆能力，但植株生长已相当滞慢。在提前搭好棚架后，覆盖塑料薄膜的时间把握在强度较大的寒流袭来前即可。一般覆膜 3～5 天后即可呈现恢复性的生长。

(6) 采收 床栽蒜苗长到 30～35 厘米，顶部稍倾斜时即可收割。当温、湿度适宜时，摆蒜后 25～30 天可以收割第一刀，在离地面 1 厘米左右处割下，不可割得太低，以免影响下茬生长。割头刀后 1～2 天，待新叶出土、老叶的伤口愈合后灌水，也可随灌水施少量尿素，促苗生长。一般可割两刀，第三次收获时连根拔起，扎成小捆，洗净根部后上市。1 千克蒜种可生产 1.5～2.0 千克蒜苗，100 米² 的温室可生产 2000～3500 千克蒜苗。采用架床立体栽培的温室，每 100 米² 可生产 8000～10000 千克蒜苗。

收割时间最好放在清晨温度低时，以防蒜苗在堆放和运输中发热腐烂。

地栽蒜苗生长 2 个月左右，植株有 5～6 片叶时即可连根挖收。

12. **蒜黄栽培关键技术有哪些?**

在避光或半遮光条件下，供给适宜的温度和水分，可使蒜种生长成为金黄色或黄绿色柔嫩味美的蒜黄。蒜黄是冬、春上市的佳品。蒜黄栽培方法简单，成本低，效益高。

(1) 栽培场地 蒜黄主要在冬春低温季节栽培，凡是有一定温度条件的场所均可进行。多采用保温性能较差的塑料大棚、小拱棚、风障畦、空室、菜窖，或在流水的河滩地、泉水地旁进行。生产场所要保证栽培空间和栽培床面温度不低于5℃，否则蒜黄易受到冷害。

在设施内挖30～40厘米深的栽培床，床宽12～15米。在室内可用砖砌成0.5～0.6米的长方形栽培池。在河滩或泉水边，可挖成1～1.5米深的栽培地。栽培蒜黄可用细沙或沙壤土，在栽培床内铺3～6厘米，摊平。

(2) 品种选择 蒜黄的产值较高，应选用大瓣的、休眠期短的品种，以求发芽快、生长粗壮、产量高。生产经验证明，用山东泰安、聊城、兖州等地的大头白皮蒜栽培蒜黄，产量较高，辣味适中，适合大多数人的口味。用河南的白皮马牙蒜、北京的紫皮蒜和马牙蒜栽培蒜黄，长得虽然粗壮，但产量低，味辣，适口性差。选种时剔除冻、烂、伤、弱的蒜瓣。

(3) 播种 蒜黄可在10月上旬到翌年3月下旬连续不断地播种和收获。从种到收获，在适温条件下约20～25天。可根据上市期确定播种期。

播种前，把选出的蒜头用清水浸泡24小时，使之吸足水分后去掉蒜盘踵部，一个挨一个地把蒜头紧紧排在栽培池内，尽量不留空隙，空隙处亦用散种瓣填严。一般每平方米采用蒜种10～20千克。播后上面覆盖细沙3～4厘米，用木板拍实压平，再浇足水。水渗下后，再覆1～2厘米的一层细沙。

（4）田间管理

① 遮阳 蒜芽大部分出土时，栽培床上盖苇帘或草苫子遮光，亦可盖黑色塑料薄膜遮光，以软化蒜叶，保证蒜黄的质量。盖帘过晚，或盖得不严密，蒜黄见光，会使叶片变绿而降低蒜黄品质。盖帘还有保持栽培床温度和湿度的作用。

② 温度管理 播种后至出土前，利用保护地的覆盖措施尽量提高栽培床温度，白天保持 25～28℃，夜温不能低于 18～20℃，如有条件，夜温略高于日温更好。出苗后至苗高 10 厘米时，为使苗粗壮，白天可降低温度至 20～25℃，夜温 16～18℃。苗高 20～25 厘米时，通风量还应加大。白天保持 18～20℃，夜温 14～16℃，以促进蒜黄粗壮、高产，改善品质。收获前 4～5 天，尽量加大通风，白天保持 10～15℃，夜间 10～15℃，防止秧苗徒长倒伏。

③ 水分管理 蒜黄栽培中，第一水应充足，一定要淹没蒜瓣。以后每 2～4 天浇 1 次水，保证栽培床经常湿润。水分管理要根据保护地内的温度和秧苗时期确定，温度高，蒸发量大，秧苗大时，勤浇，浇水量应大；反之应小些。收割前 2～3 天应浇水，以保持蒜黄细嫩。

④ 通风 栽培床内有时会积聚大量二氧化碳或保护地加温时会放出一氧化碳等有害气体。在中午温度高时，应放风换气。出于保温需要，一般不必过多地通风。

（5）收获 蒜黄高 25～30 厘米左右时，即可收割。从播种至收获约 20～25 天。收割时刀要快，下刀不宜过深，以贴地皮割下为宜，不可割伤蒜瓣。割后不要立即浇水，防止刀口感染；3～4 天后浇水，促进第二茬生长。

约过 20 天后可收第二刀。收第三刀时连瓣拔起。第一刀，每千克蒜种可产蒜黄 0.7～0.8 千克，第二刀约 0.4～0.5 千克。收割后的蒜黄要扎成捆，放在阳光下晒一下，使蒜叶由黄白色转变为金黄色，称"晒黄"。晒的时间不要太长，并注意防冻。

13. 独头蒜栽培关键技术有哪些？

通常为提高商品蒜头的产量和品质，要尽量减少独头蒜的数量。近年来，独头蒜以其只形圆整、外观好看、食用方便而备受青睐。有些地区专门生产独头蒜以满足消费者及外贸需求，种植面积逐年增加，已成为农民脱贫致富奔小康的特色产业之一。

独头蒜形成原理及原因：大蒜的鳞茎是由靠近蒜薹的 1～2 层（多瓣蒜为 1～6 层）叶鞘间产生的鳞腋芽肥大而形成的。鳞芽即是大蒜的营养物质的储藏器官，也是大蒜的无性繁殖器官。鳞芽的分化与肥大以同化物质的输入储存为基础，并以较高的温度（15～20℃）和较长的日照（13 小时以上）为必要环境条件。而大蒜花薹的形成又以低温为前提条件，一般萌动的蒜瓣在 0～4℃下经 30～40 天可完成春化，分化花芽，并在温暖和过长日照下抽薹。假如植株生长期间既未满足抽薹对低温的需要，也缺乏足够的营养物质供给鳞芽分化，其结果不仅不抽薹，也不能形成侧芽，而在长日照和温暖的气候条件来临时，外层叶鞘中的营养内移，储于顶芽的最内层鳞片中，使顶芽的内层鳞片变得特别肥厚，从而形成独头蒜。

播种过晚是产生独头蒜的主要原因，农谚"种蒜不出九，出九长独头"，说明秋播大蒜播种时期过了阴历九月易形成独头蒜。此外，凡影响同化物质生产和运输的其他栽培条件以及环境条件，导致营养不足时也会产生独头蒜。如种瓣太小、土壤贫瘠、基肥不足、营养供应不及时、密度过大、叶数太少、鳞芽分化所需温度及光照条件不足、干旱缺水、草荒严重等均会导致产生独头蒜。当然不同品种间鳞芽分化及肥大所需条件也有差异。

(1) 整地做畦　选择沙壤土或轻壤土。忌连作。前作物收获后，每亩施腐熟圈粪 2500 千克、过磷酸钙 50 千克作基肥。浅耕耙糖后做成宽 1.4 米左右的平畦，要求畦面平整。

(2) 品种选择　首先可采用气生鳞茎播种。选用直径大于 0.4 厘米的气生鳞茎，于 9 月上中旬平畦撒播或在畦内开窄沟条播，每亩苗数 12 万～15 万株。气生鳞茎播种时，第一年大多数为独头蒜。

此外，采用蒜瓣播种生产独头蒜，种瓣必须是小蒜瓣，一般多从蒜瓣较多而蒜瓣较小的大蒜品种中选择。但是，同为小蒜瓣而大蒜品种不同时，所得独头蒜的百分率和单头重有明显差异，从而影响独头蒜的产量和质量。因此，在从事独头蒜生产前，应进行品种比较试验，选出适宜在当地种植、独头率较高、单头重较大的品种。

(3) 挑选种瓣　生产独头蒜的种瓣大小，关系到独头蒜的产量和质量。选择大小适宜的蒜瓣作种蒜，才能获得高的独头率和大小适中的独头蒜。如果种瓣太大，则会生产出有 2～3 个蒜瓣的小蒜头，使独头率降低；如果种瓣太小，则生产出的独头蒜太小，丧失商品价值。一般要求独头蒜的单重达到 5～8 克。为了生产出独头率高而且大小适宜的独头蒜，需要进行种瓣大小与独头率及单头重关系的试验。据湖北的生产经验，采用当地白皮蒜品种中的小蒜瓣（又称"狼牙蒜"）作种瓣时，以百粒重在 90 克以下为宜。

用小瓣蒜播种（0.5～1.5 克），播期比正常蒜晚 20～30 天，密度增加至 8 万～10 万棵，鳞芽分化前控水控肥等也有利于独头蒜的发生。当然，当顶芽开始肥大时则应加强肥水管理，以提高独头蒜的产量和品质。

（4）播种生产 独头蒜的适宜播期必须在当地做分期播种试验才能确定。播早了，蒜苗的营养生长期长，积累的养分较多，易产生有 2～3 个蒜瓣的小蒜头；播晚了，独头蒜太小。秋播地区一般较蒜头栽培推迟 50 天左右播种，每亩用种量一般为 100 千克左右。

播种时先按 15 厘米行距开沟，沟深约 6 厘米，然后按株距 3～4 厘米播种瓣，随即覆土，厚 3～4 厘米。全畦播完后，均匀撒播小萝卜种子，每亩用种量 0.5 千克左右，播后耙平畦面，灌水。混播小萝卜种子的目的是利用小萝卜发芽出苗快的特性，抑制蒜苗的生长，以增加独头率，减少分瓣蒜。

（5）收获 秋播地区在翌年立夏前后（5 月上旬）当假茎变软、下部叶片大部干枯后及时挖蒜。收早了，独头蒜不充实；收迟了，蒜皮变硬，不易加工。加工用的独头蒜，挖出后及时剪除假茎及须根，运送到加工厂，要防止日晒、雨淋。作为鲜蒜上市出售的，挖蒜后要在阳光下晾晒 2～3 天，防止霉烂。一般亩产 300 千克左右，高产者可达 500 千克。

14. 秋播大蒜出苗存在哪些问题？

（1）播种时温度偏高 大蒜是耐寒性作物，适宜冷凉的气候条件，蒜种萌芽最适温度在 16～20℃，超过 30℃将会强迫蒜种休眠，抑制蒜种萌发。而秋季播种大蒜的播种期正是温度较高的时间，所以在一定程度上会影响大蒜的出苗。

（2）留种不科学 种子质量关系到出苗的好坏。留蒜种是保证出苗全、出苗齐的关键，这在秋播大蒜中表现得尤为重要。一些农户对种子质量认识不足，认为种子只要能出苗就行，将一些好的蒜头留种是一种浪费，好的大蒜应该留下出售，而将小蒜瓣留种，结果种子下播后出苗率不仅低，而且苗小、苗弱、长不齐。

（3）不认真选种 大蒜除了要科学留种外，在大蒜下播前如不认真选种也会影响种瓣的出苗。这是因为蒜种经过一个夏季的储藏，在高温高湿的环境中，难免会使部分蒜瓣发霉变质，这些霉变的蒜瓣肯定不能正常出芽。另外蒜瓣有大有小，如果不进行挑选分级，大蒜瓣和小蒜瓣混播，有的出苗早，有的出苗迟，结果造成出苗不一致。由于大蒜种瓣要经过低温处理过程才能打破休眠正常发芽，而秋播大蒜的蒜种在正常的储藏条件下，没有经过低温处理过程，所以对出苗也有一定的影响。

（4）底肥施用不当 种植大蒜时如果底肥中氮肥施用

过多，加上温度高、湿度大，肥料的分解速度加快，就很容易发生烧根、烂种而引起死苗，同时氮肥挥发出来的氨气也会使种瓣中毒死亡。

（5）除草剂施用不当 如果除草剂与蒜种直接接触，除草剂的种类使用不当，浓度或用量过大，也会使蒜苗产生药害而死苗。

（6）病虫危害 秋播大蒜播种时正值9月份，也是各种病虫害的高发季节，蒜瓣播下后，很容易被地下害虫啃食。另外，这个时期也是大蒜细菌性腐烂病的高发季节，一旦染病，地下部分不经出苗就已经腐烂了。

15. 促进秋播大蒜出苗的方法有哪些？

（1）科学留种 在大蒜采收后要科学留种，以便播种。要及早发芽出苗，首先要把蒜头直径超过5厘米以上、蒜瓣肥大的选出作种，编好辫后在阳光下晒2～4天，使叶鞘、鳞片充分干燥失水，促进蒜头迅速进入休眠期，这个过程叫"预藏"。在预藏过程中需先将蒜头向上，须根含水太多，在储藏中就容易发霉腐烂，从而使茎盘与须根相连腐烂，蒜瓣失去了茎盘的保护就会从根部茎盘快速失水萎蔫而失去繁殖能力。一般在晴好的天气里晒一天时间。总之，种蒜的晾晒要做到蒜头不失水、不溏心、不发霉。预藏后就可以堆放出风了。大蒜堆放出风的目的是让大蒜慢慢释放大蒜中的水分，防止水分过大而发霉。

（2）上垛时要用木头垫底 上垛时要选通风透气的库房，用木头垫底，使大蒜脱离地面以免受潮。大蒜上垛后要打开室内门窗进行通风，平时勤检查温度。检查时可以用手伸到蒜垛里感觉垛里温度和湿度，如果有烫手和潮湿的感觉，就要将蒜移到室外进行出风了。出风选在上午7～10点进行，将大蒜下垛摊开晾晒。阳光充足时为了避免晒伤蒜头，可将蒜头朝下放置；阳光不足时，可将蒜头朝上晾晒，到了日照强、温度高的中午再上垛。一般情况下到播种前掌握在5～6天出一次风就可以了，经过多次出风和上垛才能使蒜头中的水分达到安全储藏标准，为秋季播种做好准备。

（3）错开高温播种　既然大蒜出苗的好坏与环境温度有关，那么促进秋播大蒜出苗应尽量错开高温播种。最简单有效的方法就是适当晚播，在最高气温20℃左右时播种。晚播虽可避开高温，但是华北地区最好不要晚过10月初，南方地区不要晚过10月中旬，因为晚播到立冬前蒜苗太小易发生冻害，不利于蒜苗的顺利越冬。

（4）认真选种　种子活力强，才能保证顺利发芽，所以播种前要对蒜种进行筛选，这项工作在大蒜播种时尤为重要。蒜种选种的方法：一要看蒜头，也就是要选蒜头大、蒜头护皮严紧的作蒜种。蒜头大，种瓣也就大，种大自然而肥；蒜头护皮严紧说明保管得好，蒜瓣结实不失水。二要看蒜瓣，也就是看蒜瓣的多少，一般一头蒜5～6瓣最好，这样的蒜种出苗率高。

（5）蒜种处理　为了使蒜种出苗好，在选种后还要对蒜种进行处理。由于茎盘严重影响蒜瓣的吸水能力，妨碍新根的生长，在晒种后要将茎盘去掉，这样能在很大程度上促进蒜瓣萌芽发根。破瓣时还要剔除伤瓣、虫蛀瓣、黄病瓣、糊芽瓣、极小瓣。把符合要求的蒜瓣按大、中、小三级规格单独存放，分级栽培。为了消灭蒜种上携带的细菌，还应对蒜种进行喷药处理，可用50％多菌灵可湿性粉剂制成300倍液，喷洒在蒜瓣上，然后用布将蒜瓣盖住，在阴凉处堆闷6小时。

（6）低温处理 秋播大蒜与春播大蒜不同，由于秋播大蒜没有经过低温处理过程，出苗比较困难，所以在播种前对种子要经过低温处理，这样有利于打破蒜种的高温休眠，促进胚芽的萌发，从而能够早出苗，出好苗。具体方法是把蒜瓣放入清水中浸泡4～6小时后装入袋内，然后将蒜种放在0～4℃的冰箱中，存放10～15天再取出播种。

（7）科学施用底肥 在大蒜播种前要施足底肥，底肥一般有粪肥和化肥两种。在前面分析大蒜出苗不好的原因中，过多施用氮肥会使氮肥在高温条件下挥发出来大量的氨气，导致种瓣中毒死亡。为了使种瓣不被烧坏，每亩用五氧化二磷30千克，氯化钾20千克。

（8）及时防治虫害 种植大蒜时用的底肥由粪肥和化肥组成，生粪肥中藏匿有大量蛆类，这些蛆类对大蒜造成威胁，所以为了预防地下害虫危害，在施用腐熟粪肥的同时，还可以加入50％辛硫磷乳油0.2千克/亩进行预防。

16. 大蒜茬口安排有哪些注意事项？

大蒜对前茬作物要求不严格，可以选早熟菜豆、黄瓜、番茄、西葫芦、马铃薯、甘蓝、棉花、玉米和水稻等作物为前茬，亦可与粮食或蔬菜作物间作套种。大蒜忌连作，也不宜以葱、韭、洋葱等作物为前茬。由于大蒜与这些作物从土壤中吸收的养分、根系分泌物的残余物质及病虫害基本相同，因而连作易出现养分缺乏、病虫害加重等现象。同时重茬地出苗率低，幼苗弱，叶片发黄，鳞茎亦小，产量低。所以大蒜一般应实行 2～3 年的轮作。

东北、西北各地，大蒜以单作为主；华北各地的习惯是与其他蔬菜及粮食作物间作套种。河北省棉花产区在棉花行间套种大蒜；许多城郊社队在大蒜畦埂套种蚕豆、矮生豌豆，南瓜堰畦种大蒜和青蒜，以及大蒜与其他蔬菜隔行或隔畦间作。

17. 大蒜间作套种茬次如何进行合理安排？

间作是两种作物隔畦、隔行种植，主作与副作共生期较长，可利用主、副作对环境条件需求的差异，达到相互有利，共同发展。套种是在一种作物的生育后期，于行间栽种另一种作物，主作物与副作物共生期较短，可充分利用其空间和时间，增加复种指数，提高单位面积的产量和效益。

大蒜秋播时生长期长达 7～8 个月，且苗期生长缓慢，绿叶面积和根系都小，不能充分利用阳光和土壤中的水分和养分。为了充分利用阳光和土壤资源，提高复种指数，大蒜可与粮、棉、菜等间作套种，以增加效益。间、套作的方式有粮、蒜套种，棉、蒜套种，菜、蒜套种，粮、棉、蒜套种，粮、棉、蒜、菜套种，粮、菜、蒜套种，棉、蒜、瓜套种，以及棉、蒜、瓜、菜套种8种方式。

18. 大蒜栽培中粮、蒜间作、轮作、套种有哪些模式？

（1）秋大蒜套春玉米（陕西省兴平市）

① 茬口安排　玉米一般在4月底、5月初播种，9月上、中旬收获；8月上、中旬在玉米行间套种大蒜，蒜苗一般从11月开始采收，蒜薹于翌年4月下旬开始采收。

② 品种选择　大蒜选用抗病、优质、丰产、抗逆性强、适应性广、商品性状好的优良品种，如四川红皮蒜、山东苍蒜；玉米选用高产、优质、抗病性强的蠡玉16或先玉335。

③ 种植规格　耕作带宽150厘米，每带内种玉米3行、大蒜6行。玉米一般在4月底、5月初播种，行距75厘米，株距24～26厘米，留苗4.5万～5.25万株/公顷，9月上、中旬收获。8月上、中旬在玉米行间套种3行大蒜，行距25厘米，株距5～6厘米，栽67.5万～75.0万株/公顷，播种深度2～3厘米。蒜苗一般从11月开始采收，陆续采收至第二年4月；蒜薹于第二年4下旬开始采收，采收后15～20天收获蒜头。

玉米、大蒜（蒜苗）套作具有以下特点：一是套作可明显促进大蒜（蒜苗）出苗，使出苗期约提前10天；二是套作创造了有利于大蒜（蒜苗）生长的条件，使大蒜提早抽薹，蒜薹（蒜苗）产量高于单作；三是套作地上部和地下部的综合作用，显著提高了玉米根际土壤中速效氮、磷、钾的含量，促进了玉米对氮、磷、钾的吸收和蒜苗对氮、钙、镁的吸收；四是套作玉米地上部对蒜苗的环境效应，使大蒜（蒜苗）种植带的杂草种类、数量和生物学产量都低于单作。

④ **效益**　一般产蒜薹 9000～12000 千克/公顷、蒜头 4500～6000 千克/公顷、玉米 10500～12000 千克/公顷，总产值 6.0 万～7.5 万元/公顷。

(2) 夏玉米套冬蒜苗　小麦收割后施农家肥作基肥，犁地后按行距 1.6 米开沟，沟深约 17 厘米，顺沟撒施复合肥作种肥。然后按株距 17 厘米点播早熟玉米种子，每穴 2～3 粒，每亩 2000 多株。播种后盖土厚约 3～4 厘米。出苗后中耕间苗，每穴留 1 苗。玉米苗高 50 厘米左右时培土成垄，成为以后栽蒜的畦埂。

选用适宜作蒜苗栽培的中早熟品种，如蔡家坡红皮蒜、软叶蒜、彭县中熟蒜及普陀蒜等，于 8 月上旬播种。播种时在两行玉米之间的空畦内，按行距 17 厘米开沟，沟深约 17 厘米，再按株距 4 厘米点蒜，然后耙平覆土，随即灌水。

玉米于 9 月中下旬收获，11 月中下旬至 12 月上旬采收蒜苗，也可延长到春节供应。每亩产玉米 300～350 千克、蒜苗 2500～3000 千克。

(3) 大蒜套玉米复播菜豆模式　山西省曲沃县农技中心张海等报道，采用大蒜套种玉米复播菜豆，每畦（带）宽 210 厘米，畦埂宽 30 厘米，高 20 厘米，生产周期 9 月份至来年 9 月下旬。

秋分前在畦内栽植 10 行大蒜，行距 20 厘米，株距 8

厘米，每亩栽植 4 万株。来年 5 月初，在近埂两侧蒜垄内套种 2 行玉米，穴距 33 厘米，单双株间隔留苗；畦中间蒜垄内再套种 1 行玉米，穴距 25 厘米，单株留苗，每亩玉米留苗 4195 株。大蒜收获后 6 月中旬在畦中间玉米行两旁复播菜豆，每穴留双苗或单株，每亩留苗 3500 株。4 月上中旬采收蒜薹，5 月下旬收获蒜头；5 月上旬套种玉米，9 月下旬采收玉米；6 月中旬播种菜豆。

该模式平均每亩产大蒜 1460 千克、蒜薹 480 千克、玉米 765 千克、菜豆 315 千克，是钱粮双收、高效种植的有效方式。

（4）大蒜、花生套种模式 据卢兆雪等报道，山东省兰陵县采用大蒜、花生套种最佳模式：高产田以"三一式"［3 垄蒜 1 垄花生，花生行株距 55 厘米×15 厘米；大蒜行株距（18～20）厘米×8.3 厘米］较好；中产田以"二一式"（2 垄蒜 1 垄花生，花生行株距 40 厘米×17 厘米；大蒜行株距 120 厘米×8.3 厘米）最好。具体做法：10 月初播种大蒜，翌年 4 月底、5 月初套种花生；翌年 5 月下旬提薹，6 月上旬收蒜头；9 月底收花生。利用该模式进行大蒜、花生套种栽培比蒜茬直播花生成熟期提前 1 个月，增产蒜薹 871.95 千克/公顷、蒜头 2088.75 千克/公顷、花生 1153.5 千克/公顷，提高了时间效益和经济效益，解决了蒜茬直播花生产量低、收获晚，导致下季大蒜减产的矛盾。

（5）早蒜苗套种小麦 选用适于作蒜苗栽培的早熟大蒜品种，经催芽处理后于 8 月上旬播种，行距 1.4 米，株距 3～4 厘米。10 月上旬将蒜苗行间细锄一遍，然后撒播小麦种，播后锄地将麦种掩埋。12 月前采收蒜苗。蒜苗收净后将小麦镇压一遍，随后灌水，使因采收蒜苗而受损伤的小麦根系与土壤密接，以减少冬季受冻死苗现象。

(6) 小麦、大蒜、玉米、大豆套种　河北邯郸市采用小麦、大蒜、玉米、大豆间作套种模式，经大面积示范推广，平均每亩产小麦 305 千克、玉米 348.8 千克、大豆 121 千克、大蒜 507 千克。其具体做法是：整地后按 125 厘米宽划分种植带，其中小麦占 65 厘米，播 6 行，行距 12 厘米；大蒜占 30 厘米，播 4 行，行距 10 厘米，株距 10 厘米，每亩 1.5 万株。大蒜与小麦间筑 15 厘米宽的畦埂，以便管理。10 月上旬播种小麦和大蒜，翌年 6 月上旬大蒜和小麦相继收获后抢时整地，按 354 厘米宽划分种植带，于 6 月中旬同时播种早熟玉米和大豆。种 4 行玉米（行距 46 厘米），4 行大豆（行距 40 厘米）。玉米和大豆之间的距离为 48 厘米。玉米和大豆同在 9 月下旬收获。

(7) 大麦、毛豆、扁豆、甜玉米、大蒜间套种（江苏省兴化市）　茬口安排：秋播，筑畦宽 3 米，每畦播 2 条各宽 0.75 米的大麦，中间留空 1.3 米，2 月底、3 月上旬在中间空地穴播 4 行早熟毛豆，株行距 12 厘米×25 厘米，同时靠边行直播扁豆，穴距 35 厘米，每亩播 2000 穴；5 月下旬大麦收割后直播甜玉米，每畦 4 行，株距 25 厘米，亩栽 4000～5000 株；8 月上旬甜玉米采收后播种大蒜，株行距 5 厘米×（13～14）厘米。

该模式亩产大麦 250 千克，毛豆青荚 600 千克，扁豆荚 1500 千克，甜玉米青果穗 1100 千克，大蒜青苗 2000 千克，经济效益显著。

(8) 大蒜、玉米、花生间套种（贵州省福泉市） 采用 230 厘米为一带，宽带 155 厘米，窄带 75 厘米。于 9 月上旬开厢起垄，厢宽 155 厘米，垄高 30 厘米，窄带沟宽 75 厘米；同时在窄带种播幅为 30 厘米的旱地绿肥；9 月下旬在宽带种植 8 行大蒜，浇足清粪水并用稻草或秸秆覆盖，达到保肥保水的目的。翌年 4 月上中旬把窄带绿肥压青起垄，垄宽 60 厘米，待绿肥腐熟后在垄面上种植 2 行玉米。大蒜收获后在宽厢种植 5 行花生。

(9) "水稻-大蒜"轮作（重庆市秀山县）

① 茬口安排 水稻要在 5 月 15～20 日移栽完毕，大蒜在 5 月上旬采收完。水稻一般 4 月上旬选择晴天催芽播种，大蒜播种期以 9 月 15～25 日为宜。

② 品种选择 水稻选用熟期偏早的高产、优质、高抗品种的组合，以重庆市推荐的杂交水稻主导品种渝香 203、忠优 78、辐优 802、T 优 300、T 优 109 等中早熟组合为主推品种，每亩用种量 1 千克；大蒜选择具有优质、丰产、耐贮、抗病、大头少瓣、辣味浓香的优良品种，以青龙紫皮蒜作为当家品种，每亩准备蒜种 50 千克左右。

③ 栽培技术

a. 水稻。秧龄 30～35 天，叶龄 4～5 叶即可带土、带肥、带药移栽，采取宽窄行提绳栽秧，规格为 20 厘米×(26～33)厘米。

b. 大蒜。水稻收割后，将水田放干，挖主沟宽 40 厘米、深 40 厘米，挖背沟宽 30 厘米、深 30 厘米，疏通边沟，理直厢沟，深翻细耙，翻犁深度 20 厘米以上，耙细整平，做成厢面宽 1.5 米的播种厢；将厢沟垂直起垄，制作成行距 20 厘米、深度 10 厘米的条沟。齐苗后及时将小苗、弱苗进行匀苗、间苗、上市销售。当蒜薹弯曲呈大秤钩形，苞长 4～5 厘米，呈水平状态时，或者苞明显膨大，颜色由绿变黄进而变白时，或者蒜薹近叶鞘上有 4～5 厘米长变为淡黄色时采收蒜薹。取薹后 20 天左右，以底叶枯黄、中部叶片开始落黄为成熟标志，可开始采收蒜头。

④ 效益　稻谷产量 552 千克/亩；蒜薹产量 250 千克/亩，产值 2250 元；蒜头产量 700 千克/亩，产值 4200 元；蒜苗（匀弱苗）产量 50 千克/亩，产值 400 元。合计大蒜产量 1000 千克/亩，产值 6850 元，扣除蒜种、肥料、人工等费用 1500 元，大蒜每亩纯收入 5350 元。

(10)"覆膜大蒜-水稻"1 年 2 收周年栽培模式（山东省莒县）

① 茬口安排　覆膜大蒜 9 月下旬起畦种植，翌年 5 月下旬收获。水稻翌年 5 月上旬育苗播种，6 月中旬移栽插秧，9 月下旬收获。

② 品种选择　大蒜选择品质好、增产潜力大的莒县白皮大蒜，水稻选用临稻 18。

③ 栽培技术

a. 覆膜大蒜。种植规格为条带宽 1 米，按畦面宽 80 厘米、畦埂宽 20 厘米的规格做畦，在每个畦面上按株距 8 厘米种 6 行大蒜。种好大蒜后耧平畦面，再覆盖地膜。

b. 水稻栽培。按畦宽 1.2～1.5 米的规格做畦，畦间距 20～25 厘米，按行株距（23～25)厘米×(12～15)厘米的规格插秧，每墩插 3 株秧苗，插秧深度不超过 2 厘米。

（11）青蒜、地膜大蒜/鲜食玉米间套种（江苏省大丰区）

① 茬口安排　7月中下旬播种蒜籽，10月上中旬收获青蒜；10月中下旬种第二茬大蒜并覆盖地膜，翌年5月中旬左右收获；蒜头收获前20天可在垄间套种玉米，7月上旬采收鲜食玉米。

② 品种选择　大蒜选用当地选育的二月早、三月黄、冬冬青等；鲜食玉米选用华珍1号、京科糯2000、苏科花糯2008等。

③ 栽培技术

a. 青蒜栽培。播种前田块每隔2米挖一竖墒，每隔20米挖一横墒，栽插密度为7厘米×7厘米，每亩栽插12万株。具体密度可根据上市期灵活确定，用于早上市的青蒜，栽插密度要适当提高到18万～20万株/亩。栽插时在虚土表面放置两块100厘米×20厘米的木板，人蹲在木板上前后交替向后移动播种，脚不要直接踩到畦面，栽插深度以蒜瓣不露出土表为宜。10月上旬左右蒜苗长到20厘米以上时，视市场行情采挖上市。

b. 地膜大蒜。采用行种畦作，畦宽90厘米，每畦种6行，株行距15厘米×7厘米，播深2～3厘米。以每亩栽65000株为宜。播种后覆盖厚0.005毫米的地膜。出苗后及时破膜放苗，适时灌水，齐苗后灌1次透水，长到6～7叶再灌水1次。4月下旬采收蒜薹，5月中旬采收蒜头。

c. 鲜食玉米。套种玉米可在蒜头收获前20天进行，合理密植，每畦种1行，行宽90厘米，株距15厘米，以每亩栽 5000 株左右为宜，播期不能迟于 4 月 30 日。鲜食玉米以采收鲜穗为主，通常以吐丝后 20～25 天连苞叶采收上市为宜。

④ 效益　青蒜产量 1800 千克/亩，以平均价格 3 元/千克计，产值 5400 元/亩，成本 2500 元/亩，纯收入 2900 元/亩；地膜大蒜产蒜薹 900 千克/亩、蒜头 1000 千克/亩，蒜薹、蒜头平均价格均为 4 元/千克，蒜薹和蒜头产值 7600 元/亩，去除成本 1500 元/亩，纯收入 6100 元/亩；玉米鲜穗产量 700 千克/亩，以平均价格 3 元/千克计，产值 2100 元/亩，去除成本 350 元/亩，纯收入 1750 元/亩。总计产值 15100 元/亩，纯收入 10750 元/亩。比原有种植模式增加一季青蒜收入 2900 元/亩，鲜食玉米比普通玉米多增收 1000 元/亩，合计增效 3900 元/亩。

19. **大蒜栽培中如何实现棉、蒜套种？**

（1）秋播蒜区　带宽 1.6 米高低畦栽培。低畦种 5 行大蒜，行距 15～16 厘米，株距 10 厘米，每亩栽 2 万株。高垄垄宽 80 厘米、高 15 厘米，种 2 行棉花，行距 60 厘米，株距 25～30 厘米，每亩 2800～3300 株。垄上秋冬季也可种植一茬青蒜苗，及时收获腾茬播种棉花，大蒜收获后棉花形成 100 厘米和 60 厘米的大小行。

大蒜 10 月上旬播种，翌年 5 月中下旬抽薹，6 月上旬收获。直播棉田中熟品种 4 月中旬播种，4 月底出苗，6 月上旬现蕾；中早熟品种 4 月下旬播种，5 月初出苗，6 月中旬现蕾。移栽棉田，中熟品种 3 月底至 4 月初育苗，

4月底至5月初移栽；中早熟品种4月上旬育苗，5月上旬移栽，6月上旬现蕾。

这种套种方式的优点是：大蒜与棉花的共生期为1个月左右，相互间无不利影响；棉花生长在高畦上，而且是宽窄行种植，可充分利用边行效应，通风透光良好，植株生长健壮，所以棉花产量不受影响，还增加了一季蒜的收入。

（2）春播蒜区 早春地表化冻3厘米左右时筑大蒜畦。畦宽120厘米，其中畦埂宽20厘米，畦面宽100厘米。栽8行蒜，行距12.5厘米，株距10厘米。春暖后在大蒜畦的畦埂两侧点播棉花，棉花则成为宽窄行种植，宽行（大蒜种植带）行距为90厘米，窄行行距（畦埂）为30厘米，株距为30厘米，每亩3700株左右。4～5月份大蒜进入生长盛期时，棉苗尚小，相互间影响不大。6～7月间大蒜收获后，棉花进入生长盛期。

（3）棉花、大蒜优质高效立体种植模式（江苏省邳州市）

① 茬口安排 棉花4月10日至15日育苗，5月10日至15日在大蒜中间移栽棉花。大蒜10月15日至20日播种，第二年小满前后（5月20日）收获。

② 品种选择 大蒜品种选择以提纯复壮的邳州白蒜为主，脱毒蒜新品种鲁蒜王1号、鲁蒜王2号、徐蒜815作为搭配品种。棉花品种选用徐杂3号、徐棉21号、科棉6号等品种。

③ 栽培技术 种植规格为每5行大蒜套种1行棉花。棉花行距100厘米，株距38～40厘米，每亩种植1700株

左右；大蒜行距 20 厘米，株距 13～15 厘米，每亩种植 2.2 万～2.5 万株。

④ 效益　大蒜每亩产值 3000 元左右，棉花 1500 元左右，两季产值达 4500 元以上。

（4）大蒜、棉花套种（河北省邯郸市）

① 茬口安排　大蒜适播期为 9 月下旬，要求封冻前幼苗长有 5～7 片叶；棉花于次年 4 月下旬播种。

② 品种选择　大蒜选用优质高产、抗病虫、抗逆性强、适应性广、商品性好、耐肥的大蒜品种，如山东黑皮大蒜等；棉花一般选择杂交棉，如邯杂 429、邯杂 301、鲁棉研 34 等优质杂交棉。

③ 种植模式　大蒜按行距 13 厘米、株距 4～7 厘米播种，每 9 行大蒜留 45 厘米的棉花备播行。大蒜播深 4 厘米左右，人工摆播方向一致。在大蒜行间播种棉花，株距 25 厘米，每亩密度 3000 株左右，每亩用种量 1 千克，播种深度 1.5～2 厘米。

④ 投入成本及效益分析　大蒜每亩用种 150 元，钾肥 40 元，复合肥 40 元，每亩用地膜 60 元，水 50 元，总计成本 340 元。在正常年份，每亩收蒜薹 1000 千克，按均价 2.4 元/千克计算，每亩收入 2400 元，除去成本净增收入 2060 元。一般每亩产大蒜 1000 千克，按均价 0.6 元/千克计算，每亩收入 600 元，总计大蒜亩收入 3000 元。

棉花每亩投入种子 60 元，肥料 150 元，浇水 70 元，喷药 50 元，共计 330 元。每亩收棉花 250 千克，按市场价 7 元/千克计算，收入 1750 元，除去投入每亩纯收入为

1420 元。

每亩大蒜和棉花总收入为 4420 元。

20. 大蒜栽培中如何实现菜、蒜套种与轮作？

(1) 绿芦笋间套大蒜（临夏州农科院）

① 茬口安排　芦笋 2 月中下旬在日光温室育苗，4 月中下旬定植，定植后第二年 4 月中下旬采收；大蒜在 1 年生芦笋田 4 月中下旬播种，在 2～3 年生芦笋田 3 月下旬至 4 月上旬播种，待叶片枯黄，假茎松软时收获。

② 品种选择　绿芦笋选择优质高产品种，如冠军、临芦 1 号、阿波罗等。大蒜选择高产优质的新疆红蒜或临洮红蒜。

③ 种植模式　芦笋定植按南北行向依行距 1.0～1.2 米划直线，沿直线开定植沟，沟深 30～40 厘米，沟内定植芦笋，行间种植大蒜；芦笋株距 25～30 厘米，定植后第二年 4 月中下旬，当芦笋嫩茎长 25～30 厘米、粗 0.8 厘米以上时开始采笋，每穴留母茎 4～5 株。大蒜播种行距 25～30 厘米，株距 15～20 厘米，播种深度 2～3 厘米，每亩播种量 83～133 千克。

④ 栽培技术

a. 芦笋种子处理。2 月中下旬在日光温室育苗。用 30～40℃ 的温水将种子浸泡 2～3 天，每天换水 1～2 次；待种子充分吸水膨胀后在室温 28～32℃ 下进行催芽，每天用清水淘洗 2～3 次；当有 15% 左右的种子露白时即可进行播种。

　　b. 芦笋覆膜、灌冬水。10 月 10～15 日割去芦笋地上部分，在芦笋根部覆 80 厘米宽的地膜，10 月 20 日至 11 月 10 日土壤封冻前，每亩灌水 35～40 米³。

　　c. 除草松土。大蒜苗高 10～13 厘米，有 2～3 片叶时进行第 1 次中耕；苗高 26～33 厘米，有 5～6 片叶时进行第 2 次中耕。

　　d. 浇水施肥。大蒜播种后土壤持水量在 15%～18% 时不需灌水即可出苗，土壤干燥时每亩灌水 30 米³；在抽薹和鳞茎肥大期每亩灌水 30 米³，蒜头采收前 5～7 天停止灌水。

　　退母期每亩施尿素 30 千克或碳酸氢铵 35 千克，圆脚期每亩施尿素 20 千克或碳酸氢铵 30 千克。

(2) 大蒜-莲藕水旱高效轮作模式（浙江省衢州市）

　　① 茬口安排　莲藕于 3 月中下旬播种，早熟品种于 6 月下旬至 7 月中旬采收，中熟品种于 7 月中旬开始采收，8 月中旬前结束采收。莲藕采收后放干田水，施入基肥，深翻晒土，整地做畦。9 月上旬开始分批播种四川紫皮大蒜，大蒜苗采收期为 11 月中下旬至翌年 2 月。大蒜采收后，及时施有机肥、灌水、深翻耙平。

　　② 品种选择　莲藕选择早熟或中熟、品质好、抗病性强、产量较高的莲藕品种种植，如"东荷早藕"、鄂莲 7 号、鄂莲 5 号、鄂莲 6 号等。大蒜品种一般选用四川紫皮大蒜种植，该品种适应性强，成熟早，产量高，味浓香，耐寒，耐肥，抗病力强，用种量少。

　　③ 种植模式　莲藕定植期一般在 3 月中下旬至 4 月上旬，定植行株距为 (1.5～2) 米×1 米，每亩种植 300～

400 穴，每穴排放整藕 1 支或子藕 2 支。栽植时四周边行藕头一律朝向田内，至田中间藕头相对时，加大行距。栽时将藕头稍向下斜插 10～15 厘米，藕梢翘露泥面，与土面呈 20°左右夹角。莲藕采收后及时放干田水，深翻晒土，然后整地做畦。畦面宽 80～90 厘米，沟宽 50 厘米，深 25厘米。

④ 关键栽培技术

a. 种藕选择和处理　选用符合品种特征、顶芽完整、色泽新鲜、无病斑、无损伤、藕身粗壮且具 3 节或 3 节以上的整藕或子藕作种藕。每亩用种量为 300～400 千克。栽植前种藕用 25％咪鲜胺 EC 500～800 倍液浸种 1 小时，或用 98％噁霉灵 SP2000 倍液浸种 3～5 分钟，待药液干后即可栽种。

b. 水浆管理　定植期至萌芽阶段保持水层 3～5 厘米，抽生立叶至封行前水层达 5～10 厘米，封行至后把叶出现水层达 10～20 厘米，以后水层逐渐降低到 5～10厘米。

c. 追肥　莲藕生育期长，需肥量大，除施足基肥外，生长期间还应适时追肥。一般追肥分 3 次进行：第 1 次在抽生 1～2 片立叶时，每亩施尿素 15～20 千克；第 2 次在出现 5～6 片立叶时，每亩施复合肥 20～25 千克；第 3 次在终止叶出现时，每亩施复合肥 20～30 千克、硫酸钾 5～10 千克。施肥前放浅田水，让肥料渗入土中，再灌水恢复至原水位。施肥要选择在晴朗无风天气进行，切忌在中午进行。

d. 中耕除草　种藕栽植 15 天后进行 1 次中耕除草。

杂草多时间隔 10 天再除草 1 次，荷叶封行后停止中耕除草。除草时要浅水操作，同时应注意在卷叶的两侧进行，勿踏伤藕鞭，并将除掉的杂草、枯萎的浮叶塞入泥中作肥料。

e. 转藕梢　当卷叶离田边 1 米时，为防止藕梢穿越田埂，随时将靠近田埂的藕梢向田内拨转，在生长盛期每隔 2～3 天转梢 1 次。转藕梢应在午后进行，以免折断。

f. 大蒜　大蒜整个生育期一般追肥 2～3 次。蒜苗出齐后，每亩施尿素 10 千克。蒜苗长至 10～15 厘米高时，每亩施复合肥 20 千克，以后视生长情况再追肥 1 次。此外，可结合防病治虫，叶面追施 0.3% 磷酸二氢钾溶液 2～3 次，以减少蒜苗发生黄尖现象。

(3) 大蒜-西瓜-三樱椒间作套种技术（河南省柘城县）

① 茬口安排　10 月 5～15 日播种大蒜，地膜覆盖大蒜一般比露地提早成熟 10 天左右；西瓜应在 2 月 25 日前后育苗，4 月 20～25 日移栽，一般 7 月 25 日以前采瓜结束；三樱椒应在 3 月上中旬育苗，蒜收获后抢时移栽。

② 品种选择　大蒜宜选用高产、抗病、早熟的优良品种，如中牟大蒜、金乡大蒜等；西瓜选用早熟、适口性好的品种，如丰收二号、丰收三号、郑杂二号等；三樱椒选用中早熟、抗病性强的品种，如三鹰六号、三鹰八号等。

③ 种植模式

a. 合理确定大蒜播带　4 米一个播带，播种 15 行大蒜，行距 20 厘米，留 1 米空档，做畦，畦埂底部宽 20～

30 厘米，在空档内栽 2 行西瓜；2 米一个播带，播种 8 行大蒜，留 50 厘米空档，在空档内栽 1 行西瓜。10 月 5～15 日播种大蒜，株距 8～10 厘米，播种前注意搞好大蒜药剂浸种，可用 50％多菌灵可湿性粉剂 500 倍液，将种瓣浸泡 24 小时后捞出，晾干表面水分，立即播种，有利于苗全苗壮，抑制病菌侵染。摆蒜时，将蒜瓣背腹连线与播种行的方向垂直，以减少叶片间的重叠，使叶片能接受更多的阳光，增加光合产物的积累，达到苗齐、苗壮的目的。播种深浅一致，覆土薄厚一致。播种结束即可浇水，待水完全下渗后喷洒除草剂，每亩选用 44％戊氧乙草胺乳油（二甲戊灵 10％，乙氧氟草醚 4％，乙草胺 30％）150 克兑水 50 千克对土壤均匀喷雾。施药时注意避开预留行（预留行内可撒播上海青、菠菜等），喷药结束后随即覆膜。

b. 适时移栽西瓜　西瓜应在 2 月 25 日前后育苗，4 月 20～25 日移栽，如移栽过早易遭受低温冷害。双行栽距大蒜 15 厘米，株距 60 厘米，行距 70 厘米；单行在空档中间移栽，株距 60 厘米，每亩一般移栽 500 株左右。移栽前每亩施饼肥 100 千克左右、硫酸钾型复合肥（16-16-16）25～30 千克。整地后喷洒西瓜专用除草剂，移栽后盖地膜，将瓜苗掏出。

c. 抢时移栽三樱椒　三樱椒应在 3 月上中旬育苗，注意培育壮苗。大蒜收获后抢时移栽，每亩施入硫酸钾型复合肥 15～20 千克作定植肥，椒苗离西瓜植株 80～100 厘米，行距 20 厘米，株距 23 厘米。

④ 效益　该模式一般每亩可产大蒜 1000 千克、西瓜

4000 千克、三樱椒 150 千克，合计亩产值 8000 元左右。

（4）大蒜复种秋胡萝卜（黑龙江省东宁市）

① 茬口安排　一般 4 月上中旬栽种大蒜，7 月中旬收获，8 月上旬播种秋胡萝卜，9 月底至 10 月上旬收获。

② 品种选择　大蒜选择通过春化能力强，冬性弱，并且生育期短的品种，如肇东糖蒜。

③ 种植模式　大蒜 4 月 10～15 日播种。在每垄垄面上播种两行，小行距 10～15 厘米，株距 6～8 厘米，播深一般为 3～4 厘米。一般亩用种蒜 40 千克左右，亩保苗 3 万株左右。秋胡萝卜一般在 8 月上旬播种。按行距 15～20 厘米，开深 2～3 厘米的浅沟，踩实底格子后条播。播种后覆土 1.0～1.5 厘米，耕平、镇压。亩用种量 830 克左右。播种前必须先浇水，待水渗下后再播种。在幼苗 2～3 片真叶时，进行间苗，留苗株距 3 厘米；在幼苗 4～5 片真叶时进行定苗，亩保苗 2 万株。

④ 效益　一般亩产大蒜 1500 千克、秋胡萝卜 3500 千克，合计每亩纯收入 4700 元，种植经济效益较好。

（5）大蒜套种葵花（农安县哈拉海镇）

① 茬口安排及种植模式　4 月初栽植大蒜，栽植时采取人工栽植，垄上双行，行距 5 厘米，株距 5 厘米，每公顷保苗 35 万株，7 月下旬大蒜成熟后及时收获。6 月中旬播种葵花，播种时人工点播，覆土 3 厘米，株距 1 米，每公顷保苗 15000 株左右。美葵播种大约 7 天即可出苗，出苗后在一对真叶时要及时间苗，每穴留苗 4～5 株；2～3 对真叶时定苗，定苗每穴留苗 1 株，留健苗、壮苗。葵花 9 月下旬成熟及时收获，最好的收获时期是 9 月 20～

25 日。

②效益　美葵在大蒜生长中后期播种，而且大蒜前期施入的肥料对美葵还会起作用，因此大蒜基本不减产。该模式一般每亩可产大蒜 1000 千克、美葵 1700 千克，合计亩产值 16200 元左右。

（6）大蒜套种辣椒（江苏省灌南县）

①茬口安排　大蒜选用两个品种：一个是可采收青蒜苗的品种，如太仓白蒜、青龙白蒜等；另一个是蒜薹产量高的品种，如二水早等。辣椒选用味特辣、抗高温、易越夏、抗逆性强的品种，如"金塔"。

②套种模式　筑大蒜畦宽 60～80 厘米，每畦种植 4 行大蒜，株距 7～10 厘米，两畦间留畦埂（宽 20～25 厘米，高 15 厘米），既可当畦埂又是辣椒的套种行。辣椒套栽于两畦间的畦埂上，一般于 5 月下旬拔完蒜薹之后立即套种辣椒，行距 80～100 厘米，墩距 30 厘米，每墩栽 3～4 株，亩栽 2800～3000 墩。

（7）大蒜套种辣椒（山东）

山东大蒜种植面积近 200 万亩，2016 年全省大蒜每公顷收入在 9 万～12 万元，但是，蒜后的下一茬各地栽培模式不一，效益差距很大，总结山东全省各地经验，蒜后下一茬种干辣椒和黄瓜效益比种棉花和玉米高 3～10 倍，值得在蒜区大力推广。

①品种选择　干辣椒品种首先必须符合当地市场需求，其次要抗病、耐热、优质、高产。当前德州地区市场主要收购益都红、北京红、鲁红 6 号等向地椒类型辣椒，同时收购天鹰椒、三樱椒等朝天椒类型。济宁金乡地区市

场主要收购三樱椒、天宇 5 号等朝天椒类型，同时收购金塔等向地椒类型。全省其他地区也基本是以这两种类型为主。

② 确定适宜播种期　由于全省各地所处纬度不同，种植方式不同，播种时间也不同。一般干辣椒适宜的播种期可根据定植期和苗龄向前推算。如苗龄为 50 天，定植期为 4 月 30 日，则播种期应为 3 月 20 日左右。

③ 采用穴盘或营养钵育大苗　一般与大蒜轮作的干辣椒收获早，9 月上、中旬收获。为获得更高的产量，应尽量早定植，且要大苗定植，即苗子现大蕾时定植。

a. 育苗提倡采用穴盘。植株长势强、地力好的可单株种植，用 72 孔穴盘；植株长势稍弱、地力差的可双株种植，用 50 孔穴盘，穴盘深度要达到 6 厘米。基质可采用商品基质，选用品牌影响大、口碑好、质量过硬的。

b. 育苗要采用保护设施。育苗期间因温度低，出苗慢，种子要先进行浸种与催芽处理，采用温汤浸种即可。方法是先将种子置于 55℃ 热水中，快速搅拌 10 分钟，使种子受热均匀，然后立即加凉水降温至 30℃，保持此温度，浸种 4 小时。捞出后用 0.1% 高锰酸钾浸 5~10 分钟，捞出，用清水冲净，用多层半湿纱布包好，置于 30℃ 环境下催芽，每天早、晚各淘洗 1 次。当多数种子露白时即可播种。

c. 播前基质浇透水。播种时，单株种植的每穴播 1 粒，双株种植的每穴播 2 粒，间距 1~1.5 厘米，覆盖物可用基质和蛭石各半，覆盖厚度 1 厘米左右。播完种后盖塑料薄膜保湿，播种量应比需苗数多 30% 左右。

d. 当苗拱土时撤去地膜。

e. 育苗期间水分管理保持见干见湿；若基质肥料充足，自真叶出现可 7～10 天追 1 次肥。肥料要用全元素速溶肥，浓度为 100～150 毫克/千克。

f. 定植前 1 周左右开始炼苗。

④ 定植与定植后管理

a. 定植。若用人工收获大蒜，可在露地 5 厘米土壤温度稳定达到 15℃（连续 3 天以上）时开始定植，行距 50 厘米，株距 22～25 厘米。直接在蒜行中栽植。

若用机械收获大蒜，则需在蒜收获后定植。每公顷施用发酵腐熟好的粪肥及秸秆肥 90 米³ 左右，三元复合肥 450 千克左右。整好地，起垄或做畦。可采用大小行定植，大行距 60 厘米，小行距 40 厘米。低洼地采用高垄种植，高垄上种 2 行，高垄上宽 60 厘米左右，底宽 80 厘米左右，高 20 厘米左右，垄顶铺银黑双面膜，黑面朝下防草，银面朝上防虫、反光，防止夏季地温过高。地块高的可采用平畦种植，一般为便于操作，畦宽可为 2 米，一畦种 4 行，株距可为 20 厘米左右。

定植时先打孔，栽苗后及时浇水。最好随水冲施有益菌肥。

b. 浇水施肥。辣椒不耐旱更不耐涝。开花前保持土壤见干见湿，以促根系发育。开花期及坐果前尽量不浇水，不施肥，若太干，可浇小水。果坐住后开始浇水追肥。7～8 天浇水一次，雨季注意排涝。每隔 10～15 天追肥一次，每次可施中氮低磷高钾复合肥 20 千克左右。

c. 干辣椒定植后植株调整。当门椒下部最大枝杈长至 5 厘米长时，将门椒下部枝杈全部去除。朝天椒类型定植缓苗后约 14～16 片叶时摘心，促进分枝，提高坐果数。

干辣椒主要病虫害有病毒病、炭疽病、日灼病及蚜虫、粉虱等。

d. 及时采收。干辣椒只要果成熟就及时采收，一则商品性状好，二则可免遭病虫侵害。

(8) 大蒜、西瓜高效栽培（江苏省丰县凤城镇）

① 茬口安排 大蒜：9 月下旬栽种，翌年 5 月下旬收获。如播种过早，幼苗在越冬前生长过旺而消耗养分，则越冬能力降低，还可能再行春化，引起二次生长，第二年形成复瓣蒜，降低大蒜品质；播种过晚，则蒜苗过小，组织柔嫩，根系弱，积累养分较少，抗寒力较低，越冬期间死亡多。因此，大蒜必须严格掌握播种期。

西瓜：第二年 3 月下旬双膜育苗，5 月上旬地膜打孔定植，7 月开始采收。

菠菜或苏州青：秋季 9 月西瓜采收后，播种菠菜或苏州青，年后 3 月收完。

② 品种选择 大蒜品种选择徐州白蒜和徐蒜 815，西瓜品种选择苏蜜 5 号和早抗京欣。

③ 种植规格 设置 1.8 米为 1 个种植带，其中种 8 行大蒜，留 40 厘米套种西瓜。大蒜行距 20 厘米，株距 8 厘米；西瓜株距 50 厘米，栽 11100 株/公顷左右。

(9) 大蒜套种西瓜（甘肃省华池） 大蒜于 8 月中、下旬播种，采用条播方式，按行距 20 厘米开沟，株距10～12厘米，点播，每畦栽 4 行，种植密度27000～30000 株/亩，种完一畦后打碎土块，耙平地表，覆盖地膜。西瓜于翌年 5 月上旬大蒜浇水抽薹后点播，先在垄中间开一条沟，将垄面整成中间凹陷的"V"形垄，覆盖地膜，后按行距 30 厘米、株距 50 厘米规格破膜点种 2 行西瓜，种植密度为 1800 株/亩。地膜大蒜一般在 6 月上、中旬成熟。

一般蒜薹产量为 600 千克/亩，蒜头产量为 1100 千克/亩，西瓜产量为 4000 千克/亩，效益显著。

(10) 大蒜、南瓜、冬瓜的间作套种（山东省济宁市兖州区）

① 套种模式 大蒜于 9 月 20 日播种，畦宽 1.8 米，畦背宽 50 厘米，5 月中旬收获。南瓜和冬瓜 3 月 20 日前后在阳畦内一起育苗。5 月上旬南瓜和冬瓜同时定植，南瓜和冬瓜进行隔行定植（即一行定植冬瓜，一行定植南瓜）。南瓜的株距是 40 厘米，冬瓜的株距是 60～80 厘米。大蒜收获后，南瓜已开始开花结果，于 6 月中下旬开始上市，7 月上旬收获完毕。收获后南瓜直接断根，不拉秧，以免影响冬瓜生长。7 月上中旬冬瓜开始开花坐果，8 月中下旬开始上市，9 月上中旬收获完毕，收获后及时整地施肥，播种大蒜。

② 技术要点

a. 大蒜 每畦栽 8 行，株距 89～108 毫米。采用沟播，即先按行距开 10 厘米深的播种沟，并撒施少量种肥，然后将种瓣排在沟中，使其保持直立。排种方向应使种瓣的背腹线与沟向平行。播种时还应注意使种瓣上齐下不齐，以便出苗整齐，覆土厚度以 3～4 厘米为宜。播后浇一遍透水，待水渗下后，喷洒除草剂，亩用 33% 的施田补乳油 150～200 毫升，然后覆上 2 米宽地膜。大蒜生长期间需追肥两次，第一次是在清明前后，亩施硫酸钾 30 千克，以促进蒜苗旺盛生长；第二次在蒜薹甩缨时，亩施氮、磷、钾复合肥 30 千克，对保持叶片壮旺不衰、促进蒜薹和蒜头生长有良好作用。浇水分六次进行，第一次是保苗水，第二次是防冻水，第三次是返青水，第四次是发棵水，第五次是攻薹水，第六次是攻头水。蒜头在提薹后 18 天收获。

b. 冬瓜　与南瓜同时育苗，芽长 2～3 毫米时播种。苗龄 40 天，3～4 片真叶时定植。冬瓜一般每株留 1～2 个瓜，瓜前留 7～10 片叶摘心。第一雌花开放前后适当控制肥、水，避免化瓜。9 月上中旬集中收获，便于销售。

c. 南瓜　与冬瓜同时育苗。幼苗长出 5～6 片真叶、苗龄 40 天开始定植（与南瓜同时定植）。生长期间进行整枝，采用单蔓整枝，即只留一条主蔓，侧蔓一律抹去，每株留瓜 2～3 个，最后一个瓜前 5～6 片真叶打顶。开花后 40～45 天即可采收老熟瓜。

③ 效益分析　亩产蒜头 2000 千克，蒜薹 500 千克（两项产值 4000 元），南瓜 3000 千克（产值 1000 元），冬瓜 5000 千克（产值 2000 元），总产值 7000 元左右。

(11) 大蒜套菠菜

① 模式一（陕西关中地区）　早熟大蒜品种于 8 月中旬播种；中、晚熟大蒜品种于 9 月中旬播种。行距 17 厘米，株距 13 厘米。每播完 8 行后，筑一道畦埂。种完大蒜后，全面撒播菠菜种子，每亩用种量为 1.5～2 千克。播后耙平畦面，将菠菜种子埋入土中。大蒜出苗慢，苗期

占地面积小，菠菜有充分的生长空间。早熟大蒜地套的菠菜于 11 月份开始间拔上市，小苗可以留在地里越冬，翌年 3 月上中旬全部采收。中、晚熟大蒜品种套种的菠菜于翌年 2 月份开始间拔上市，3 且下旬采收完。这种套种方式除照常收获蒜薹和蒜头外，每亩还可多收 1000～1500 千克菠菜。

② 模式二　以 2.4 米为一个种植带筑畦，畦垄高 15 厘米左右，宽 40 厘米。9 月下旬至 10 月上旬畦内种植大蒜 10 行，行株距为 20 厘米×10 厘米，每亩栽 2.8 万株。种好大蒜后在垄上条播菠菜，主要在元旦或春节供应市场。

③ 模式三　以 2～2.4 米为一个种植带筑畦，畦内种植大蒜 10～12 行，行株距为 20 厘米×（10～15）厘米，每亩栽 2.3 万～3.3 万株。大蒜播种后，随后行间撒播菠菜。

(12) 大蒜、菠菜、白菜、芸豆间套模式（山东省济宁市兖州区）　大蒜于 9 月下旬播种，畦宽 1.8 米，畦背宽 50 厘米，翌年 5 月中旬收获。大蒜播种后，随浇水于畦背上撒播菠菜，菠菜可随市场行情分批收获。翌年 4 月 10 日前后，在畦背上套播 2 行白菜，株距 25 厘米左右，白菜于 6 月 20 日前后收获，6 月底收获完毕。6 月 10 日前后在畦面上点播芸豆，8 月 10 日左右收获，9 月 20 日前收获完毕。

该模式每亩可产蒜头 2000 千克、蒜薹 500 千克、菠菜 300 千克、白菜 5000 千克、芸豆 1000 千克，经济效益显著。

（13）大蒜、菠菜、苦瓜间套模式（鲁南苏北地区） 大蒜适宜的播种期为 9 月下旬至 10 月上旬。蒜畦宽 2.0 米，平畦，每一畦留 1.0 米宽的间作菠菜畦。播种大蒜行距为 20 厘米，株距为 12～14 厘米，翌年 5 月下旬收获。菠菜播种期同大蒜，条播，畦内按 15 厘米的行距开浅沟，用种量不低于 75 千克/公顷，2～3 月上市。苦瓜 3 月上旬育苗，4 月上旬套栽，株距 75 厘米定植，5 月下旬采摘，9 月中、下旬收获结束。

一般每亩大蒜产量 1600 千克，菠菜产量 2000 千克，苦瓜产量 6000 千克，该模式一年三种三收，总纯收是一般粮田纯收入的 15 倍。

（14）大蒜、菠菜、架冬瓜、芹菜间套模式（山东省东营市） 9 月 20～30 日播种越冬大蒜，在大蒜畦间播种菠菜。翌年 4 月 5～20 日收获菠菜，4 月 20～30 日在原菠菜行直播 1 行冬瓜，同时育芹菜苗。6 月 5～10 日收获大蒜，6 月 20～30 日在冬瓜架之间定植芹菜。四种作物优势互补，充分利用土地、空间，又互不影响。

该模式每亩产蒜薹 500～600 千克、蒜头 1400～1600 千克、菠菜 1000～1200 千克、冬瓜 4500～5000 千克、芹菜 3000～3500 千克，经济效益非常显著，很具有推广价值。

（15）茄子、白菜、大蒜间套模式（贵州省道真自治县） 茄子于 2 月上旬播种，4 月上旬定植，株距 30～35 厘米，定植密度 2500 株/亩；白菜于 7 月上旬播种，在茄子行间采用穴播，按行株距所定的位置做长 15 厘米、深 1 厘米的浅穴，将种子均匀播在穴中，种植密度 4000 株/亩，

9 月中下旬采收结束；大蒜于 9 月下旬至 10 月上旬播种，用沟播法，行距 15～18 厘米，株距 12～15 厘米，密度为 25000～28000 株/亩，来年 5 月中下旬收获蒜薹，一般提薹后 18 天蒜头即可收获。

(16) 大蒜、西瓜、白菜间套模式（黑龙江省农业科学院） 大蒜在 10 月中旬种植，次年 5 月上旬采收蒜薹，6 月上旬收获大蒜；西瓜 4 月上旬育苗，5 月上旬定植在蒜畦埂上，7 月中旬采收西瓜；白菜 7 月中旬育苗，8 月上旬定植，9 月中、下旬陆续采收。

该模式平均亩产干大蒜 1100 千克、西瓜 3500 千克、白菜净菜 3000 千克、蒜薹 450 千克，经济效益非常显著，极适宜在广大农村进行推广。

(17) 大蒜、西葫芦、辣椒、大白菜间套模式（江苏省兴化市） 大蒜 10 月上旬播种，播种株距 5 厘米，行距 10 厘米，深 1.5 厘米，青蒜春节前后上市。西葫芦翌年 2 月下旬营养钵育苗，3 月中旬移栽，每畦 2 行，株距 75 厘米，亩栽植 580 株，栽后覆地膜。西葫芦结瓜前期每株留瓜 1～2 个，盛瓜期每株留瓜 3～4 个，栽后 5 月底让茬。辣椒 4 月下旬营养钵育苗，5 月底移栽，11 月上旬采收结束。大白菜 8 月初育苗（直播），8 月中旬套栽在辣椒行中，每畦 4 行，亩栽 2100 株，11 月底采收结束。

一般亩产青蒜 2000 千克、西葫芦 800 千克、辣椒 3000 千克、大白菜 4500 千克，经济效益显著。

(18) 大蒜、辣椒、甘蓝宽厢、宽带间套模式（贵州福泉市） 种植形式：以 225 厘米为一带，宽带 155 厘米，窄带 70 厘米。于 9 月上旬开厢起垄，厢宽 155 厘米，垄高 25 厘米，窄带（沟宽）70 厘米。9 月中下旬在宽带种植 8 行大蒜，浇足清粪水并覆盖腐熟农家肥，达到保肥保水的目的。同时在窄带种播幅为 30 厘米的旱地绿肥；翌年 4 月上旬把窄带绿肥压青起垄，垄宽 60 厘米，待绿肥腐熟后在垄面种植 2 行辣椒，采用地膜覆盖。大蒜收后在宽厢移栽 5 行结球甘蓝。

5 月下旬采收大蒜，每亩收获蒜薹 300～350 千克、蒜头 900 千克左右；每亩采收鲜辣椒 1500 千克；7 月上旬开始采收甘蓝，每亩产量达 5500 千克。

（19）蚕豆、青蒜、西瓜、秋番茄间套模式（江苏省海门市） 秋播时采取 4 米组合，于 10 月中旬在 200 厘米播幅中种 4 行蚕豆，行距 66.7 厘米；其余 200 厘米中种一幅青大蒜，播幅 130 厘米（或种 6 行大蒜，行距 26 厘米），边行大蒜离蚕豆 35 厘米。次年 5 月中下旬蚕豆收青上市，西瓜于 3 月底营养钵育苗，大蒜收青后移栽，株距 40 厘米，采取地膜覆盖。秋番茄于 7 月中旬育苗，8 月上旬待西瓜收获离田后移栽，150 厘米 1 个组合，大行距 90 厘米，小行距 60 厘米，株距 28～30 厘米，密度 3000 株/亩左右，9 月中旬开始上市。

此茬口一般亩收青蚕豆籽 300 千克左右，收蚕豆籽 100 千克，收青蒜 700 千克，收西瓜 2500 千克，收秋番茄 1500 千克，经济效益显著。

（20）大蒜、秋黄瓜、菜豆间套模式(河北省枣强县) 大蒜的播期以 10 月上旬寒露前后为宜。密度为行距 17 厘米（每畦 5 行），株距 7 厘米，平均每亩栽植 33000 株。待收获蒜头后，将黄瓜种子点播于畦上，每畦 2 行，行距 70

厘米，穴距25厘米，每穴插3～4粒种子，每亩留苗3500株。6月下旬于黄瓜行间作垄直播菜豆，行距30厘米，穴距20厘米，每穴播2～3粒种子。菜豆在9月底全部采收完毕。

利用该模式平均每亩产蒜薹560千克、大蒜头620千克、秋黄瓜2850千克、菜豆1600千克，比单作或两种两收增产30%以上。

(21) 大蒜套种大葱间套模式（黑龙江省宁安市） 大蒜播种期一般在3月27日至4月5日，即土壤10厘米地温稳定在3℃以上时开始播种，采用人工开沟或机械开沟，沟深7～8厘米，株距7～8厘米，亩保苗1.3万株；大葱4月20～30日采用小棚播种育苗，在大蒜苗6～7叶、高25厘米左右时开始移栽大葱，一般在6月10～15日，移栽前将大蒜铲1遍放土，深耥1犁不上土。然后栽葱，株距6～7厘米，9月末进行收获。

大蒜套种大葱，亩产蒜薹150千克、大蒜450千克、大葱3000千克，纯收入显著提高。

(22) 大蒜套种茄子（吉林省公主岭市） 春季表土解冻后浅耕细耙起垄，垄宽70～80厘米，垄高6～10厘米，垄背上种2行大蒜，行距10～15厘米，株距8～10厘米。蒜薹收获完之后，6月初垄沟套栽茄子，株距32～40厘米。大蒜4月初播种，6月上旬蒜薹收获完，7月上旬收获蒜头；茄子4月初播种，6月初定植，7月中旬开始采收。

该模式亩产蒜头1300千克、蒜薹250千克、茄子2000千克。

（23）地膜大蒜、夏黄瓜、秋萝卜间套模式（河南省濮阳市）　大蒜 9 月中下旬播种，一般行距 20 厘米，株距 10～15 厘米，播种深度 3～4 厘米，第二年 5 月中下旬收获；夏黄瓜 5 月下旬播种，点播于畦上，行距 70 厘米，穴距 25 厘米，每穴播种 3～4 粒，每亩留苗 3500 株，8 月中旬拉秧；秋萝卜 8 月中旬播种，采用直播法，每穴播种 3～4 粒，株距 25 厘米，播种深 1.5 厘米，11 月中下旬收获。

一般每亩可产大蒜 750～1000 千克、黄瓜 4000 千克、萝卜 5000 千克。

（24）地膜大蒜套种辣椒（宁夏中卫市）　采用 3 行大蒜套种 2 行辣椒垄作，畦与沟总宽 120 厘米，畦宽 90 厘米，沟宽 30 厘米，畦高 25～30 厘米。畦上种 3 行大蒜，大蒜行距 18 厘米，株距 8～10 厘米。大蒜距辣椒 20 厘米，直播，亩保苗 1.85 万株。辣椒距畦边 7 厘米，2 行辣椒相距 44 厘米，穴距 35 厘米。辣椒育苗移栽，每穴定植 4～5 苗，亩定植 3175 穴（图 3-1）。

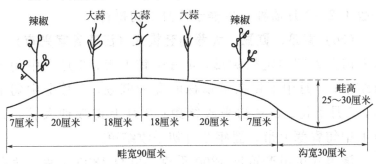

图 3-1　地膜大蒜套种辣椒栽培示意图

（25）大蒜套种生姜

① 模式一（山东安丘市）　按东西向筑畦，畦宽 1

米。1 月上旬播蒜，实行宽窄行播种。宽行行距 30 厘米，窄行行距 20 厘米，株距 6～8 厘米，每畦种 4 行蒜，每亩种 3 万～3.5 万株。翌年 4 月下旬在宽行中种生姜，行距 50 厘米，株距 12～15 厘米，每亩种 8800～9500 株。

这种套种方式对生姜苗期生长有利，因为生姜苗期不耐强光，栽种在大蒜植株的行间，小气候比较阴凉湿润，姜苗生长良好。待生姜进入旺盛生长时期，需要较强的光照时，大蒜已收获。姜与蒜的共生期不长，相互间无不利影响。有学者报道，蒜姜套种面积在山东安丘市大蒜和生姜产区逐年扩大，平均每亩产鲜姜 3200 千克、蒜薹 350 千克、鲜蒜头 800 千克。

② 模式二　大蒜、生姜每一栽培带宽 60 厘米，垄宽 35 厘米、高 15 厘米，垄上栽 2 行蒜，行株距 20 厘米×10 厘米，每亩栽 22000 株左右。垄沟宽 25 厘米，中间种植单行姜，株距 15～17 厘米。姜需要遮阴，大蒜植株在垄台上起遮阴作用。秋播大蒜于 10 月上旬播种，春播大蒜一般于 2～3 月播种，生姜于 5 月上旬播种。

(26) 黄瓜、豇豆、大蒜间套模式（江苏省宜兴市）　3 月中旬在大棚内定植黄瓜，4 月中旬上市，6 月上中旬采收结束；5 月中下旬在黄瓜株间套种豇豆，7 月上中旬上市，7 月下旬、8 月初采收结束；8 月上旬栽种大蒜，10 月上中旬青蒜上市，翌年 2 月初采收结束。

该模式亩可产黄瓜 4200 千克、豇豆 1800 千克、大蒜 3500 千克，经济效益显著。

(27) 马铃薯、番茄、大蒜间套模式（四川省广安市）　马铃薯 12 月中下旬播种，采用高垄双行播种，按

0.8米宽开沟起垄，即按行距45～50厘米规格开2行播种沟，播种沟（穴）深10～12厘米，按株距25厘米摆种，盖种，再取土培垄，垄高18～20厘米、宽50厘米，4月上旬收获；番茄于翌年1月中旬保护地育苗，4月中下旬马铃薯收获后接茬移栽，采用高畦定植，畦宽1.5米，行距40～50厘米，株距24～27厘米，每亩定植5000～6000株；大蒜8月中旬播种，播前分厢整地，一般厢宽3～4米，厢沟宽30厘米，行距20～25厘米，株距7～8厘米，大蒜于翌年的1～3月份收获。

该模式由于三茬作物都采用早熟栽培方式，可提早上市，经济效益十分可观。

（28）马铃薯、豆角、大蒜间套模式（甘肃省陇南市）　马铃薯在1月下旬至2月上旬播种，5月上旬开始收获上市；4月上旬在马铃薯行间套种豆角，6月上旬开始收获上市，9月上旬收获结束，清茬；9月下旬点播大蒜，12月中旬至翌年1月上旬收获上市。

马铃薯采用双膜覆盖技术育苗，每垄种植3行，株距35厘米，播种深度10厘米。种好后覆盖地膜，并搭建60厘米高的小拱棚。马铃薯出苗后要及时破膜。3月下旬，根据天气情况撤去小拱棚。4月上旬，即清明前后在马铃薯行间套种2行豆角，株距30厘米，每穴2粒，出苗后选留1株。9月下旬点播大蒜，行距15厘米，株距4厘米，深4厘米。

（29）早蒜苗（冬蒜苗）畦埂套冬菠菜（陕西关中地区）　蔡家坡红皮蒜于7月下旬潮蒜，8月中旬按行距13厘米开沟点播，株距5厘米。每播10行筑一道畦埂，畦埂间距离为 130 厘米。在畦埂上撒播菠菜籽，然后整理畦埂兼给菠菜覆土。以后的田间管理统一进行。

蒜苗于 11 月份至翌年 2 月上旬采收，每亩产 2500～3000 千克。菠菜于 12 月份至翌年 1 月份采收，每亩产 400～500 千克。这种套种方式可在不影响蒜苗生长的同时多收一茬菠菜。

（30）早蒜苗畦埂套冬莴笋或根用芥菜（陕西关中地区） 蔡家坡红皮蒜于 7 月中旬潮蒜，8 月中旬播种。按行距 13 厘米开沟点蒜，株距 5 厘米，每播 10 行筑一道畦埂，畦埂间的距离为 130 厘米。莴笋（尖叶白笋）于 8 月上旬播种育苗，9 月中旬定植在蒜苗的畦埂上，株距 33～40 厘米。莴笋于 11 月中下旬采收，蒜苗于 11 月至翌年 2 月上旬采收。这种套种方式可在不影响蒜苗生产的同时，多收一茬莴笋，而且由于莴笋栽在土层厚而疏松的畦埂上，通风透光良好，单株产量也较高。

早蒜苗畦埂套种根用芥菜（芥疙瘩）时，则在播蒜的同时，在畦埂上按 40 厘米穴距，每穴播 4～5 粒种子。根芥菜出苗后间苗 1～2 次，最后留一株定苗。11 月中下旬采收蒜苗和根芥菜。该模式每亩除了收获 2500～3000 千克蒜苗外，还可多收 300～400 千克根芥菜。

（31）大蒜畦埂套种春萝卜（陕西关中地区） 大蒜按行距 20～23 厘米、株距 10 厘米播种。畦宽 130 厘米左右。翌年 3 月下旬至 4 月上旬在畦埂上点播春萝卜（热萝卜）种子，穴距约 33 厘米，每穴播种子 4～5 粒。春萝卜出苗后间苗 1～2 次，最后留单株定苗。大蒜于 4 月下旬至 5 月上旬采收蒜薹，5 月下旬挖蒜头。畦埂上的春萝卜于 5 月下旬至 6 月上旬采收。

该模式每亩除照常采收蒜薹和蒜头外，还可多收 750～850 千克的春萝卜。

(32) 大蒜套种芋头　该模式适用于南方水田。4 月上旬在大蒜抽薹前，按行距 67～83 厘米、株距 33～50 厘米，在大蒜行间打穴，点播芋头种薯，每穴插 1 个，每亩种芋头 2500～3000 株。5 月间收获蒜头后，按照芋头的需要进行田间管理。

这种套种方式既不影响大蒜的生长，又解决了春菜种类多、面积大、茬口难安排的矛盾。

(33) 菠菜、瓠瓜、甜玉米、大蒜间套种（江苏省兴化市）　菠菜 10 月下旬播种，春节前上市。瓠瓜 2 月上旬播种，冷床育苗，2 月下旬有 2 片真叶时移栽，6 月下旬让茬。甜玉米 3 月上旬播种，7 月下旬上市。大蒜 8 月上旬播种，11 月上旬上市。

该模式一般亩产菠菜 4000 千克、瓠瓜 4500 千克、甜玉米青果穗 980 千克、大蒜青苗 2300 千克，可取得较好的经济效益和社会效益。

(34) 大蒜、黄瓜、菜豆套种　有学者报道，山东省苍山县（现名兰陵县）在地膜覆盖的大蒜行间套种黄瓜，收获后种菜豆，能获得较好的经济效益。平均每亩收获蒜薹 560.4 千克、蒜头 618.5 千克、秋黄瓜 2850 千克，以及秋菜豆 1625 千克，比单作增产 30% 以上。其具体做法是：施足基肥，精细整地后做高畦，畦面宽 80 厘米，高 8～10 厘米，畦沟宽 30 厘米。选用苍山大蒜中的糙蒜品种，于 10 月上旬播种，行距 17 厘米，每畦 5 行，株距 7

厘米,平均每亩 33000 株。开沟播种,沟深 10 厘米,播种后覆土,平畦面后浇水,然后覆盖宽 90 厘米的地膜。以后按常规方法管理。蒜薹总苞露出叶鞘前后,及时揭去地膜,蒜薹采收后浇 1～2 次水,促进蒜头生长。收获蒜头前如地墒差,可浇水造墒,准备播种秋黄瓜。

黄瓜可选用津研 4 号、津研 7 号、津春 4 号、夏丰 1 号、中农 2 号等品种。6 月上旬当大蒜即将收获前,将有机肥施入畦沟内,锄松混匀,耧平。蒜头收获后在畦上播种黄瓜,每畦播 2 行,行距 70 厘米,穴距 25 厘米,每穴 3～4 粒种子。瓜苗长出 3～4 片叶时,每穴留 1 株定苗,每亩约留苗 3500 株。定苗后浅锄,浇水后插架,畦沟两侧的 2 行瓜搭成一组"人"字架,即畦沟位于瓜架的中央,以便浇水追肥。黄瓜播种后 40 天便可开始采摘。

菜豆应选用丰收 1 号、白架豆等早熟品种。6 月下旬在两架黄瓜之间做两条垄,垄距 30 厘米,按穴距 20 厘米播种菜豆,每穴播 2～3 粒种子。定苗后浇水,插架。9 月上旬开始采收。

(35) 蒜、莴笋、豇豆、小白菜套种(春播蒜区) 按 150 厘米宽筑成 3 条高垄。3 月上中旬在高垄上播种 2 行大蒜,行距 20 厘米,株距 7 厘米左右。莴笋于 10 月下旬至 12 月上旬在阳畦中播种育苗,或者于翌年 1 月中下旬在温室中播种育苗,4 月间定植在两条高垄之间的垄沟中,株距 20 厘米左右。5 月中下旬至 6 月上旬莴笋收获完毕后,在原垄沟中点播夏豇豆,株距 20 厘米左右。6 月下旬大蒜收获后,给豇豆插架。7 月上旬在豇豆架下撒播小白菜。7 月下旬至 8 月下旬陆续采摘豇豆;小白菜于 8 月份采收完毕后还可以播种根茬菠菜（越冬菠菜）。

（36）大蒜、春萝卜间套种 每 1.8 米为一个播种带（以南北向为好），畦宽 120 厘米，垄高 20 厘米，垄宽 60 厘米，9 月中旬畦内播种 6 行大蒜，行株距 20 厘米×10 厘米，每亩栽植密度为 22000 株左右，4 月中下旬开始收蒜。2 月中旬至 4 月中旬垄上播种春萝卜，行株距为 30 厘米×25 厘米，播后覆膜。

（37）大蒜间作越冬菠菜，套种冬瓜，套种芹菜

① 种植方式 采用平畦，大畦宽 1.5 米，种植洋葱或大蒜；小畦宽 80 厘米，种植越冬菠菜，菠菜收获后定植冬瓜。大蒜收获后秋季全部播种芹菜。

② 栽培要点 一般于 9 月中下旬前腾茬后，施足基肥，整地做成大畦、小畦。9 月下旬至 10 月上旬于大畦内播种大蒜。洋葱需于 8 月下旬播种育苗，10 月中、下旬栽植。小畦内播种越冬菠菜。翌年春季，越冬菠菜收获后，施肥深翻，于 4 月下旬至 5 月上旬定植冬瓜（要提前 1 个月采取阳畦或小拱棚育苗）。6 月上旬收获大蒜后播种芹菜，此时可将冬瓜蔓引到芹菜畦面上，为芹菜出苗时和幼苗期遮阴。对冬瓜应及时整枝、打杈，以防止影响芹菜苗生长。冬瓜拔秧前可从基部割断，使瓜秧在田间自然萎蔫，以防止芹菜苗因骤然见强光而闪苗。瓜秧拉出后，整平畦面，定植芹菜，这样秋田里就全部成为芹菜。9 月上旬前芹菜收获完毕。

（38）番茄-大蒜的套作（西北农林科技大学）

① 种植方式 秋茬番茄于 7 月下旬定植，11 月底拉秧。9 月下旬在番茄基质栽培槽内套播大蒜，每槽 5 行

（全封闭地下槽式栽培，槽 60 厘米，深 30 厘米，槽间距 60 厘米，槽长随设施跨度或地形而定。槽建好后铺一层塑料薄膜将基质与周围土壤隔开）。单作大蒜行距 10 厘米，株距 8 厘米，每槽 198 株，套作大蒜在 2 行番茄中间套播 3 行大蒜，番茄与大蒜之间的行距为 10 厘米，大蒜行距 10 厘米，株距 8 厘米，番茄行的株间再套播 2 株大蒜（图 3-2），共 162 株。番茄与大蒜共生期肥水和环境管理按番茄要求进行，番茄拉秧后按大蒜需求浇水而不再施肥。蒜薹于 3 月中下旬收获，鳞茎于 4 月初收获。

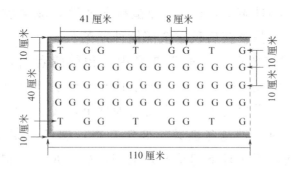

图 3-2　大蒜与番茄套作栽培模式

T—栽培槽；G—大蒜种植行

② 效益　大棚基质栽培番茄-大蒜套作虽然降低了蒜薹和鳞茎的产量，但套作土地当量比高达 1.56，具有明显的套作优势。独头蒜价格一般为普通大蒜的 3 倍以上，套作生产的独头蒜单头质量为 11～12 克，外形美观，比较受市场欢迎。陕西大棚基质栽培番茄于 9 月 21 日套作大蒜正月早不但可以显著提高土地利用效率和增加经济效益，而且还可以通过大蒜的化感作用和抑菌防病作用预防或减轻连作障碍的发生，是值得推广的一种实用种植

模式。

（39）大蒜-秋白菜套种（延津县石婆固）

① 种植模式　大蒜在 4 月初土壤解冻正处于日融夜冻时播种，垄距 67 厘米，垄面宽 27 厘米，垄高 6～10 厘米，垄沟宽 33 厘米。垄面上栽两行，小行间距 20 厘米，株距大瓣（大于 5 克）10～12 厘米，亩栽 1.7 万株；中瓣（3.3～5 克）8～10 厘米，亩栽 2.1 万株；小瓣（2.5～3.3 克）6～8 厘米，亩栽 2.7 万株。大暑后，适时收获青蒜上市，或是晾晒干蒜。

白菜 7 月中旬在大蒜垄沟播种，株距 57～60 厘米，亩播量 120～150 克。

② 效益　前茬大蒜亩产值约为 2000 元，亩效益为1190 元；后茬白菜亩产值为 2200 元，亩效益为 1540 元。两茬合计亩产值 4200 元，亩效益达到 2730 元。

（40）蒜苗与香菜间作反季节栽培（甘肃省甘谷县六峰镇）

① 品种选择　伏秋种蒜苗选用早熟种，常采用成县紫皮大蒜作蒜种，要求蒜瓣肥大，底芽齐全，顶芽肥壮，色泽洁白，无伤口，无病斑，百瓣重量在 400 克以上。

② 种植模式　反季节栽培可提前在 7 月上旬播种。常采用平畦栽培、开沟点播的方法。播种时按行距 15～16 厘米开沟，按株距 4～5 厘米进行点播。行距大时，株距缩小；行距小时，株距增大。每公顷用干蒜种 5250～6750千克，保苗 127.5 万～165 万株。要求播种深浅一致，覆土薄厚一致。蒜苗播完后，将处理过的香菜籽和细土 2 千克撒施在蒜苗畦内，踩实后立即浇透水，用种子 15 千克/

公顷。

③ 栽培技术要点

a. 种子处理　蒜瓣播前在太阳下晒种 2～3 天，晒种时小心翻搅，以免蒜种脱皮；或将蒜种在新鲜井水中浸泡12 小时后捞出，再用 50%多菌灵可湿性粉剂 500 倍液浸种 10～15 分钟，晾干表面水分，即可播种；有条件的地方可在 0～4℃低温下处理 14 天，打破蒜种的休眠期。香菜种子要使用上一年收获的香菜籽。因种子外包着一层果皮，播种前先把种子搓开（切勿搓碎），以防发芽慢和出双苗，影响单株生长。

出苗前以保墒为主，力求土壤表土湿润，不干燥，促进快出苗，确保苗齐、苗全、苗壮。

b. 盖遮阳网　蒜苗、香菜生长前期正处于高温天气，播种后可搭好大棚架，盖遮阳网，防止太阳暴晒畦块，减少水分蒸发，保持土壤湿润，加快出苗。一般播种后视土壤墒情浇水 2～3 次。

香菜种植后 7 天可出苗，一般不间苗、定苗。苗高 3 厘米时开始追肥，追施尿素 150～225 千克/公顷、硼肥3750 克/公顷。后期视墒情浇水，并追施尿素，叶面喷施磷酸二氢钾，以促进叶片生长。

蒜苗播后 15～20 天出苗，25～30 天齐苗，这时去掉遮阳网。在香菜、蒜苗共同生长期，其管理以香菜为主、蒜苗为辅。香菜收获后，加强蒜苗管理，要及时追肥，增大灌水量，防治地蛆，拔除杂草，促进蒜苗健壮生长。烂母期结合浇水追施尿素 150～225 千克/公顷、硫酸钾 75千克/公顷、黄精钾 150 千克/公顷。以后再追肥 1～2 次，喷施磷酸二氢钾 2～3 次。

c. 采收 香菜播后 50 天左右，高 15～20 厘米时即可采收上市，蒜苗生长 60～70 天根据市场情况及时采收上市。收获时连根挖起，去除根部泥土和下部黄叶，扎成 10～20 千克小捆上市。一般产蒜苗 45000 千克/公顷。蒜苗若推迟上市，可作为冬蒜苗管理，在立冬前后覆盖塑料大棚。上棚后结合灌水每次施尿素 75 千克/公顷、黄精钾 150 千克/公顷，保持土壤湿润，见干见湿。冬至前后覆盖两层薄膜，注意放风，防止疫病、灰霉病和黄叶病发生，提高蒜苗商品价值。

(41) 红枣地套种香蒜（新疆巴州若羌县）

① 种植模式 红枣地套种大蒜一般在每年 4 月上旬进行播种比较合适，收获时间为 9 月到 10 月之间。播种前要浇透水，在枣树行间距内种植大蒜。枣树的行距和株距一般维持在（7～8)米×(4～5)米之间，因此，种植行数应该结合枣树的行距确定。一般在枣树的行距内开出一条深为 10 厘米的定植沟，行距大概为 30 厘米左右，每亩用蒜大概 80～100 千克左右。红枣行距为 7 米的，理论上可以定植大蒜 22 行；行距为 8 米的，理论上可以定植大蒜 26 行。

② 效益 该地区农民人均纯收入从 2001 年的 2216 元增加到 2015 年的 28502 元，实现了历史性突破。

21. **大蒜间作套种栽培如何实现粮、菜、蒜套种？**

(1) 地膜大蒜（马铃薯）与粮、菜间作（甘肃成县）

① 茬口安排 8 月下旬至 9 月上旬播种大蒜，翌年 5

月中旬收获蒜头。翌年 1 月上中旬播种马铃薯，5 月下旬收获。辣椒在 2 月下旬至 3 月上旬育苗；番茄在 3 月上中旬育苗；黄瓜在 4 月上中旬育苗；西葫芦在 4 月中下旬育苗；甘蓝、花椰菜在 3 月下旬至 4 月上旬育苗，5 月下旬至 6 月上旬定植。辣椒、黄瓜、西葫芦在 7 月下旬开始采收，番茄、茄子、甘蓝、花椰菜在 8 月上旬开始采收。玉米、菜豆、豇豆于 3 月中下旬播种在地膜大蒜（马铃薯）垄间沟内，玉米在 8 月中旬收获，菜豆、豇豆在 7 月中下旬开始采收。西芹于 5 月上中旬在露地遮阴育苗，7 月中下旬在玉米行间定植，10 月上旬开始采收。蒜苗在玉米行间 8 月中下旬播种，11 月下旬开始采收。

② 品种选择　大蒜以蒜薹、蒜头鲜食上市的选用成县复壮早蒜、成都二水早、成县迟蒜；以蒜薹、蒜头贮藏加工的应选用苍山蒜、太仓白蒜；以蒜苗上市的选用成县复壮早蒜、成县迟蒜。马铃薯选用早熟抗病品种 Lk99、克星二号等。玉米选用抗病高产品种豫玉 22、东单 11、东单 13、长城 799 等。西芹选用抗病优质丰产品种四季西芹、美国文图拉、日本西芹等。番茄选用抗病品种中杂 9号、中杂 106、合作 918 等。甘蓝选用早中熟品种中甘21、中甘 8398、中甘 8132、铁头；花椰菜选用日本雪山。菜豆选用架豆王。豇豆选用之豇 28-2、之豇 19。辣椒选用新丰 4 号、新丰 5 号、湘研 5 号、湘研 15 号、洛丰 5号、洛椒 4 号、陇椒 2 号、洛椒大果 7 号、萧霸 9 号。茄子选用美引 1 号、汉中紫罐茄、北京六叶茄。黄瓜选用津优 4 号、津春 4 号。西葫芦选用翠玉、晶莹 4 号。

③ 栽培技术

a. 栽培模式　地膜大蒜-玉米-秋冬西芹；地膜马铃薯-玉米-蒜苗；地膜大蒜（马铃薯）-玉米；地膜大蒜（马铃薯)-菜豆（豇豆）；地膜大蒜-番茄（辣椒或茄子）；地膜大蒜（马铃薯）-黄瓜（西葫芦）；地膜大蒜（马铃薯）-甘蓝（花椰菜）。

b. 大蒜　8 月下旬至 9 月上旬划行起垄，垄宽 65 厘米，垄间距 35 厘米，垄高 3～5 厘米，每垄种 4 行，播种深度 5～8 厘米，早熟品种每亩播种 2.10 万～2.30 万株，行株距为 16.7 厘米×（11.80～13.00）厘米；晚熟品种每亩播种 1.80 万～2.00 万株，行株距为 16.7 厘米×（13.30～14.80）厘米。播种结束后，整平垄面，待墒覆膜，覆膜时使地膜紧贴垄面，四周用土压紧，大蒜出苗后未顶透膜面的，要及时破膜放苗。

c. 马铃薯　翌年 1 月上中旬起垄、播种、覆膜，垄宽60 厘米，垄间距 40 厘米，行株距 40×33.30 厘米，穴深13～15 厘米，每穴播种 1～2 块种薯，当幼芽开始顶膜时破膜放苗。

d. 玉米、菜豆、豇豆　3 月中下旬在地膜大蒜（马铃薯）的垄间播种，行距 100 厘米，穴间距 33.30 厘米，穴深 4～5 厘米，每穴播 2～3 粒种子。出苗后，玉米每穴留苗 1 株，菜豆、豇豆每穴留苗 2 株，亩留苗 3000～3300株（穴）。

e. 西芹　当幼苗有 7～9 片真叶时在玉米行间定植，行距 25 厘米，株距 20 厘米，亩定植 1.33 万株。

f. 甘蓝、花椰菜　当幼苗 5 叶 1 心时定植，甘蓝宽行60 厘米，窄行 50 厘米，株距 33.30 厘米，每亩定植 3640

株；花椰菜行株距 50 厘米×50 厘米，每亩定植 2500 株。

g. 番茄、辣椒、茄子　当番茄幼苗 6 叶 1 心时，起垄覆膜，宽窄行定植，宽行 70 厘米，窄行 50 厘米，株距 33.30 厘米，每亩定植 3300 株。辣椒幼苗 6～7 叶时宽窄行定植，宽行 70 厘米，窄行 40 厘米，株距 33.30 厘米，每亩定植 3600 穴。茄子幼苗 6～8 片真叶时定植，宽行 60 厘米，窄行 50 厘米，株距 40 厘米，每亩定植 3400 株。

h. 黄瓜、西葫芦　黄瓜幼苗长到 4～5 片叶时定植，行株距（70～80）厘米×40 厘米，每亩定植 2800～3000 株。西葫芦幼苗长到 4 叶 1 心时定植，宽行 70 厘米，窄行 40 厘米，在窄行上起垄定植一个单行，株（穴）距 50 厘米，每亩定植 1800 株。

④ 采收　大蒜、马铃薯在 5 月下旬采收，玉米在 8 月中旬收获，西芹在 10 月上旬采收，其他蔬菜作物从 5 月下旬开始采收上市。

(2) 大蒜-毛豆-甜玉米-药芹一年四熟高效栽培模式（江苏省兴化市）

① 茬口安排　水稻收割后耕翻晒垡 2～3 天，亩施优质农家肥 3000 千克，整地筑畦。大蒜在 11 月上旬播种，春节前后上市；毛豆在翌年 2 月下旬地膜覆盖播种，5 月底让茬；甜玉米在 5 月中旬育苗，6 月上旬毛豆让茬后移栽，8 月初上市；药芹在 8 月上旬播种或育苗，8 月下旬移栽定植，11 月中下旬采收上市。

② 品种选择　大蒜选用生长势强、抗寒、优质高产品种，如二水早等；毛豆选用早熟、高产、优质品种，如

青酥 2 号、沪宁 95-1 等；甜玉米选用中糯 2 号或苏玉糯 2 号等系列品种；药芹选用高产、抗逆性强、叶绿、柄宽厚、脆嫩无筋、耐热耐贮品种，如玻璃翠实芹、西芹 5 号等。

③ 栽培技术

a. 大蒜　11 月上旬播种，亩用种量 30 千克左右，株距 4～5 厘米，行距 10 厘米，深 1.5～2 厘米。

b. 毛豆　翌年 3 月上旬破膜间苗、护苗，每穴留苗 3～4 株，亩保苗 6500～7000 株。

c. 甜玉米　6 月中旬气温升高后及时松土、除草、施肥。

d. 药芹　药芹株高 2～4 厘米时间苗，10～12 厘米高时选择晴天下午 4 时或阴天定植，株行距 15 厘米×15 厘米。

④ 效益　亩产青大蒜 2000 千克、毛豆 900 千克、甜玉米（青果穗）1800 千克、药芹 4500 千克，亩纯收益达万元以上。

(3) 大蒜、三樱椒、玉米模式（河南省宁陵县）

① 茬口安排　大蒜于 9 月底至 10 月初播种覆膜，于翌年 5 月上中旬收获。三樱椒于 3 月中旬育苗，苗龄 55～60 天，5 月中、下旬移栽。三樱椒定植后，在 80 厘米的预留行中间点播 1 行玉米。

② 品种选择　大蒜选用产量高、蒜头大、长势强的宋城大白蒜或金乡大蒜。三樱椒选用高产、抗病、纯度高、商品性好的早熟品种，如三樱椒八号、栃木三樱椒、满天红三樱椒等。玉米选用株型紧凑或半紧凑、抗病抗倒、矮秆大穗的中晚熟品种，如伟科 702、洛单 248、降

平 206 等。

③ 栽培技术

a. 大蒜　畦宽 2 米，每 1 畦面播 10 行大蒜，行距 20 厘米，株距 10 厘米，密度 24.90 万株/公顷。

b. 三樱椒　行距 40 厘米，穴距 22 厘米，每穴双株，每栽 4 行留 80 厘米空档（玉米预留行），每公顷保苗 9.0 万株。

c. 玉米　三樱椒定植后，在 80 厘米的预留行中间点播 1 行玉米，株距 40 厘米，双株留苗，玉米密度 2.49 万株/公顷。

(4) 大蒜、西瓜、玉米间套种（山东省济宁市）

① 茬口安排　大蒜 10 月上旬播种，翌年 5 月 5 日采薹，5 月 20 日收获蒜头；西瓜 3 月下旬育苗，5 月初采薹后定植，6 月底、7 月初上市；玉米 7 月上旬种植，10 月初收获。

② 品种选择　大蒜应选择蒜头圆整、蒜肉洁白、硬度大的品种，如苍山大蒜、开封大蒜等；种蒜要求大小均匀，瓣数基本一致，色泽鲜艳，无伤无烂，无病无虫。西瓜应选用中早熟品种，如懒汉王、特大郑抗-2、金钟冠龙等。玉米选用适合当地种植的竖叶型品种，如浚单 20、隆平 206 等。

③ 栽培模式　大蒜栽植方式利用畦作，畦连沟宽 180 厘米，畦间起垄，垄高 15 厘米、宽 50 厘米，行距 20 厘米，株距 13～15 厘米，浅播深度 4～5 厘米；西瓜待蒜薹采收后定植在畦垄上，株距 40～45 厘米；西瓜收获后将蔓砍断放在玉米大行空白处，将中早熟玉米直播于地中，

行距 50～60 厘米，株距 20～25 厘米。该模式每亩可产干大蒜 1500 千克、西瓜 4000 千克、玉米 500 千克。

（5）大蒜、菜用糯（甜）玉米、夏秋大白菜、夏秋甘蓝间套种

① 茬口安排　第一季，大蒜间套早熟菜用糯（甜）玉米。大蒜 10 月中上旬播种，5 月上旬采收蒜薹，6 月蒜头上市；菜用糯（甜）玉米 2 月中旬至 3 月初播种，6 月上旬鲜玉米即可上市。第二季，夏秋大白菜间套甘蓝。大白菜 5 月下旬至 7 月底播种育苗，6 月下旬至 8 月底定植，7 月下旬至 10 月上旬分批上市；甘蓝 5 月上旬至 7 月上旬播种，6 月中旬至 8 月中旬定植，8 月中下旬至 10 月底分批上市，抢占夏秋淡季市场。

② 品种选择　第一季早熟大蒜选用毕节大蒜、威宁大蒜、二水早、成蒜早品种；套种的玉米选用品质好、抗病虫、产量高的菜用糯玉米品种，如贵糯 7 号、黔糯 768、黔糯 668、黔糯 868，甜玉米品种有超甜 2000、都市丽人。第二季夏秋大白菜选择耐热、抗病虫的品种，如兴滇 1 号、兴滇 2 号、高抗王-2、夏秋王；套种的夏秋甘蓝选用耐热、丰产、抗性强的品种，如黔甘 6 号、夏王、夏光。

③ 栽培模式　第一季大蒜套种菜用糯（甜）玉米：1 米开厢，在厢中间直播大蒜，株距 15 厘米，行距 20 厘米，种 3 行，每亩栽约 23000 株；糯（甜）玉米直播于厢面两侧，穴距 30 厘米，行距 80 厘米，每厢种 2 行，每亩栽约 3300 株，玉米行与大蒜相距 20 厘米。第二季夏秋大白菜间套甘蓝：在大蒜和玉米收获后整地施肥，甘蓝定植于厢面两侧，株距 40 厘米，行距 90 厘米，每亩栽约 3300

株；大白菜定植于厢中间，种植 2 行，株距 40 厘米，行距 30 厘米，每亩栽约 3300 株；甘蓝与白菜行相距 30 厘米，错窝栽培，见图 3-3。

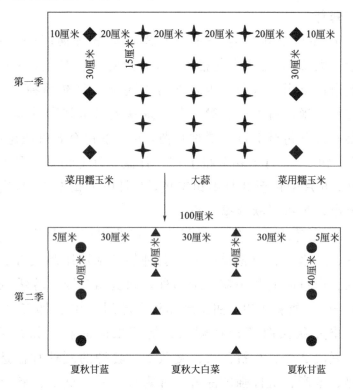

图 3-3 "大蒜间套菜用糯玉米→夏秋大白菜间套甘蓝"模式示意图

④ 栽培要点

a. 大蒜

ⅰ. 耕地、开厢　耕地深达 20～25 厘米，耕后耙细、耙平，耕地前每亩施优质厩肥 4000 千克、三元复合肥（15-15-15）70 千克、硫酸钾 20 千克，开厢 100 厘米，沟宽 30 厘米，畦高 8～12 厘米。

ⅱ. 科学播种　精选蒜头，用50％多菌灵可湿性粉剂500倍液浸泡24小时后捞出播种，播种时开沟深5～6厘米，栽蒜瓣后盖土3～4厘米，浇透水，喷1次除草剂。田间管理：大蒜出齐苗后，施1次清淡人粪尿提苗（催苗肥）；播种60～80天后，重施1次腐熟人畜肥，每亩1500～2000千克，加硫酸铵10千克、硫酸钾或氯化钾5千克（盛长肥）；种蒜烂母后，施复合肥10～15千克（孕薹肥）；蒜头膨大时亩施氮钾复合肥5～10千克（蒜头膨大肥）；注意防治灰霉病、叶枯病、紫斑病、蒜蛆、蓟马等病虫害。

b. 菜用糯（甜）玉米

ⅰ. 播种　在厢面两侧直播，穴距30厘米，每穴播种2粒。

ⅱ. 田间管理　一是早施提苗肥，移栽后5天每亩施腐熟清粪水（或沼液）1000～1500千克加尿素4～5千克，采用根部淋浇，以促进根系的生长；二是巧施壮秆肥，玉米5～7片叶时，亩施硫酸钾型复合肥15千克加尿素5千克；三是重施壮粒肥，玉米抽穗后3～4天，亩施复合肥20～25千克，可显著增加玉米单苞重。注意防治大斑病、小斑病、黑穗病、玉米螟、小地老虎等病虫害。

c. 夏秋大白菜

ⅰ. 播种育苗　直播或育苗，注意搭棚遮阴保湿，直播每窝播种10粒左右，盖细土1～2厘米，出苗后及时匀苗，5～6片真叶时定苗，保留大苗和壮苗；育苗到4～5片真叶时即可定植。

ⅱ. 田间管理　定植成活后，施 1 次腐熟清淡人畜粪水提苗；莲座期施 1 次尿素或复合肥；结球期视植株长势追施复合肥或尿素 1～2 次，适当增施磷钾肥。注意防治霜霉病、软腐病、病毒病、蚜虫、菜螟、小菜蛾、菜青虫等病虫害。

d. 夏秋甘蓝

ⅰ. 播种育苗　采用营养土育苗，也可漂浮育苗。营养土的配方为 6 份田土、4 份腐熟的农家肥，1 米³ 营养土加入 1 千克复合肥、80 克多菌灵、100 克辛硫磷，拌匀进行营养土消毒，播种后覆土，盖遮阳网。

ⅱ. 定植　有 5～6 片真叶时，选阴天下午带土定植，立即浇定根水。

ⅲ. 田间管理　定植存活后每亩穴施尿素 20 千克，酵素菌粒状肥 100 千克；莲座期再追施 1 次；结球期根据植株长势追施复合肥或尿素 1～2 次，并用 0.2% 磷酸二氢钾液叶面喷施 2 次。注意防治霜霉病、软腐病、病毒病、蚜虫、菜青虫、小菜蛾等病虫害。

(6) 大蒜-蒜苗-冬瓜-玉米间作套种（河南省南乐县）

① 品种选择　生产蒜头要选择大头少瓣，抽薹少弱，皮色洁白、光亮，蒜头圆整、瓣数少（在 5～10 瓣），单头重在 50 克以上，休眠期长，辣味浓香，蒜汁黏稠，蒜肉洁白，硬度大的品种，如苏联红皮蒜、宋城大蒜、苍山大蒜等。冬瓜宜选用北京极早、一串铃 4 号等中早熟小型品种。玉米可选用蠡玉 35、浚单 20 等中早熟品种。

② 种植模式及技术要点

a. 大蒜　播期为 9 月下旬至 10 月上旬。在畦内、畦埂两侧边行按株距 5 厘米种植，年后作蒜苗用，其他按行距 20 厘米利用开沟器划行开沟，开沟深度约 10 厘米，按株距 10 厘米摆瓣。摆瓣时，要求蒜瓣的背腹连线与行向平行。然后适度覆土，以镇压时不伤种蒜为宜，压实土壤，搂平畦面并及时浇水。地膜大蒜播种后至出芽前，每亩施用 48％氟乐灵 200 毫升或 33％除草通 200 毫升，兑水 20～30 千克均匀喷雾，可有效防除杂草危害。覆盖地膜时，膜面要绷紧，膜四周压入土中，以利于蒜苗顶破薄膜伸出膜面，个别顶不破的要及时通过人工破膜引苗出膜。

b. 冬瓜 冬瓜在 3 月中旬育苗，育苗期 35～40 天（4 月下旬），在 3 叶或 4 叶 1 心时，即可定植。定植时采用膜上打孔或画"十"字法栽苗，株距 35 厘米，每亩定植冬瓜 600 株。

c. 玉米 大蒜收获后，及时在冬瓜两侧播种 1 行玉米。在畦中间播种 2 行玉米，行距 40 厘米，株距 25 厘米，实行宽窄行种植。

(7) 覆膜花生-大蒜高效栽培模式（山东省莒县洛河镇）

① 种植模式 鲁东南地区，4 月底至 5 月初起垄种植覆膜花生，9 月上旬花生收获；9 月中旬起畦种植覆膜大蒜，翌年 5 月份收获。

② 品种选择 花生选用增产潜力大的大花生品种丰花 1 号、海花 1 号等；大蒜选择品质好、增产潜力大的莒县白皮大蒜。

③ 技术要点

a. 覆膜花生 4 月底、5 月初为鲁东南地区种植晚熟大花生的适宜播期。种植过早，气温低易烂种；种植过晚，生育期不足影响产量。花生采用大垄双行覆膜栽培，垄距90厘米，垄面宽60厘米，垄高10～15厘米；种植墩距17厘米，每墩播种2粒，播深2厘米，每亩播9000墩左右，播后覆膜。花生出土后，及时破膜，压土引苗出膜。出苗后及时清棵。破地膜引苗出膜的时间，应选在阴天，或者在晴天上午9时前、下午4时以后进行，以防烫伤花生苗。7月上中旬，高水肥地块极易徒长，对株高达到40厘米的徒长花生，应及时用浓度为1000毫克/千克的金果宝喷雾控制，确保花生株高控制在45厘米以下。

b. 覆膜大蒜　大蒜采用畦播覆膜的方法种植。种植规格：按条带1米做畦，畦面宽80厘米，畦埂宽20厘米，畦高5～7厘米。在每一个畦面上种6行大蒜，株距8厘米，每亩种4万株左右。蒜苗出土后，多数可以顺利穿透地膜，不能穿透的应及时进行破膜引苗。越冬前适时浇越冬水，有条件的地方可适当覆盖麦草、树叶等，使蒜苗安全越冬。2月下旬，大蒜开始返青生长，每亩随水冲施氮磷钾含量各15％的三元复合肥20千克。3月中下旬是大蒜烂母期，也是蒜蛆为害的始发期，可用90％敌百虫原药800～1000倍液或40％辛硫磷乳油1200倍液浇灌防治。4月上旬是大蒜鳞芽分化期，是营养生长与生殖生长并发阶段，也是大蒜需水高峰期，应确保水分供应。蒜薹抽出后，适时采收蒜薹，并根据市场需求，适时收获大蒜。

④ 效益　该模式每亩产蒜薹900千克、蒜头750千克、花生400～450千克，合计总收入10000多元。

(8) 大蒜-朝天椒-玉米一年三熟栽培（河南省柘城县农业局）

① 种植模式

a. 大蒜 每 2 米做一畦，畦面宽 1.8 米，埂高 10～15 厘米，畦埂底宽 20 厘米，以利于排灌。黄淮流域大蒜适播期掌握在气温稳定在 19～22℃时，为使大蒜越冬时有 5 叶 1 心，一般于 9 月 25 日至 10 月 5 日播种。每畦播种 8 行大蒜，行距 25 厘米，带刻度尺播种，株距 8～10 厘米，亩栽植 26600～33300 株。开沟播种，沟深 3～4 厘米，栽植时蒜瓣脊背和胸线与行向平行一致，保持直立，覆土后使整个畦面平整。黄淮流域 5 月 15～20 日收获大蒜，即蒜薹收获 20 天左右收获蒜头。

b. 朝天椒 朝天椒移栽时间为 5 月下旬，育苗时间应在 3 月中旬。朝天椒大苗移栽易于成活，栽植时需有 12～14 片真叶，株高 20 厘米左右，苗龄 60 天左右。大蒜收获后，将椒苗移栽于田间。每畦栽植 6 行，两个边行外各留 15 厘米，行距 30 厘米，株距 20 厘米，亩栽植 10000 株。

c. 玉米 5 月下旬播种在每个畦埂上，单行播种，2 米一带，株距 20 厘米，亩单株留苗 1660 株。

② 效益 此种种植模式，亩生产大蒜 1220 千克、蒜薹 315 千克，大蒜、蒜薹均按 3 元/千克计算，产值 4605 元；生产朝天椒 310.4 千克，产值 3061.3 元（干椒一级椒价格 11 元/千克，二级椒及以下价格 7.5 元/千克）；生产玉米 406 千克，玉米按 2.4 元/千克计算，产值 974.4 元。每亩年产值可达 8640.7 元，与大蒜-朝天椒连作一年

两熟模式相比增加产值 1474.7 元，在柘城县及相同耕作种植区域具有广阔的推广前景。

(9) 大蒜-青毛豆高效栽培（江苏省海门市临江新区）

① 茬口安排　于 9 月下旬播种大蒜，行距 50 厘米，株距 6 厘米。秋毛豆于翌年 6 月上旬播种，行距 100 厘米，穴距 25 厘米，每穴播种 2～3 粒。

② 品种选择　大蒜应选择抗病、优质、丰产、抗逆性强、适应性广、商品性状好的优良品种，如适合长江下游地区种植的太仓白蒜。秋毛豆应选择具有产量高，株型矮且紧凑，分枝性强，抗倒、耐旱性好，鲜糯、易酥等特性的品种，如本地品种临江小寒王、通豆 6 号等。

③ 栽培要点

a. 大蒜　适宜播种期为 9 月下旬。作蒜头、蒜薹兼用的，每亩栽培密度控制在 2 万株，播前开好播种沟，沟深 4～5 厘米，沟距 45～50 厘米，按株距 5～6 厘米排放种蒜，然后每亩施复合肥（N：P：K＝15：15：15）10 千克，最后覆土 2～3 厘米盖籽，再覆盖稻草或秸秆。蒜薹采收时间通常为 5 月 5～15 日，采用针刺法采收，即在大蒜倒 3 叶处用针刺假茎，手工拔出蒜薹。蒜头采收时间通常为 5 月 28～31 日，用铁锹挖松大蒜根部土壤，手工拔起，摊晒于田间，遇雨及时摊晾于避雨处。蒜头收获后用小刀及时切去根须，晒 2～3 天。将晒过的大蒜切去梢部茎叶，基部留 15 厘米左右假茎，将假茎串起成串。将串起的蒜头挂在通风干燥避雨处，自然干燥。

b. 青毛豆　青毛豆一般采用穴播，每穴播种 2～3 粒，穴距 25 厘米，行距 100 厘米，每亩约播种 3000 穴。

一般在 6 月上旬采用露地直播。如土壤墒情差，要浇足底墒水。在 3～4 叶期定苗，每穴 2 株。间苗于 1 片真叶时进行，每穴留 2 株苗，缺棵的要带土挖苗补缺。大豆初花期用多效唑进行化控，每亩用 20～50 克兑水 30 千克叶面喷雾；结荚期每亩用 30～35 克兑水 40 千克叶面喷雾化控，以促进大豆植株矮壮抗倒，延长叶片功能期，提高结荚率，增加产量。9 月中下旬毛豆豆粒肥大、籽粒鼓出、豆荚饱满、体积达最大值、含水量未开始下降、色泽嫩绿、尚未转色时采摘。采摘过早，则豆粒瘦小、产量低；采摘过迟，则豆粒老化、品质降低。全株分 2～3 次采完，采收后放在阴凉处，以保新鲜。

④ 产量与效益　大蒜-青毛豆种植模式一般每亩产蒜薹 450 千克，平均售价 5 元/千克，每亩产值 2250 元；每亩产蒜头 400 千克，平均售价 7 元/千克，每亩产值 2800 元，扣除每亩农本 800 元，合计每亩效益 4250 元。每亩产毛豆青荚 750 千克，平均售价 2 元/千克，每亩产值 1500 元，扣除每亩农本 100 元，每亩效益 1400 元。该模式合计每亩总效益 5650 元。

(10) 水稻-大蒜-晒烟套种（四川省烟草公司德阳市公司）

① 种植模式　水稻一般在白露后收获，大蒜应在收获水稻后及时点播。大蒜采用平地人工点播，不开厢做畦，可使用专用的大蒜打穴机预先打好穴，便于将大蒜播入土壤。大蒜点播后，可用稻草进行覆盖。大蒜最佳播期在 9 月上中旬，行距 10 厘米，窝距 5 厘米，每 5 行大蒜设预留行 40 厘米，一般蒜种用量为 70～90 千克/亩。大

蒜套种晒烟则采用平地免耕移栽，移栽时，在大蒜预留行中间定植一行晒烟，窝距为 40 厘米，不覆盖地膜。

② 栽培技术要点

a. 大蒜　一般在播种后 30～60 天，根据土壤墒情安排第一次沟灌，在蒜薹采收完毕后进行第二次沟灌。基肥施复合肥（15：15：15）50 千克/亩、饼肥 200 千克/亩；鳞茎分化期追肥碳酸铵 30 千克/亩、硫酸钾 15 千克/亩。水稻收获后先使用 24％乙氧氟草醚、33％二甲戊灵等喷雾除草，待杂草枯死后再进行土地翻耕。大蒜出苗后，根据杂草情况及时进行人工除草。什邡大蒜主要病害为叶枯病、紫斑病、灰霉病和白腐病等真菌性病害，可采用 70％丙森锌可湿性粉剂或者 500 克/升异菌脲悬浮剂，定期进行喷施预防。田间大部分蒜薹开始甩尾打钩时，及时采收蒜薹。采收蒜薹应在上午 10 时以后，茎叶略有萎蔫时进行。蒜薹采收后，将假茎往一侧倒下覆盖残留的蒜薹伤口，避免地下蒜瓣松散。蒜头采收适期为蒜薹采收后 10 天左右，此时上部叶片褪色、地下蒜皮颜色由白变红；若用作蒜种，采收时间则适当延后。蒜头拔起后要先晾晒 1～2 天，再捆成 2 千克左右一把，挂于通风干燥处自然晾贮，避免淋雨受潮。

b. 晒烟　什邡晒烟主栽品种为地方性晾晒烟"毛烟"，通常在寒露前后开始常规育苗，或在立冬前后开始漂浮育苗。苗期一般采用覆盖薄膜的保温措施，要注意通风排湿，预防病害发生。套作晒烟的移栽一般在单作晒烟大面积移栽完成以后开始。常规单作晒烟需翻耕起垄，单垄双行、覆膜移栽，而大蒜套种晒烟则采用平地免耕移栽。移栽时，在大蒜预留行中间定植一行晒烟，窝距为 40 厘米，不覆盖地膜。采用现蕾打顶，即当全田 50％以上烟株花蕾与幼叶明显分开时，将花蕾、花梗连同其下几片小叶一并摘除，保留 18～20 片叶。打顶选择在晴天上午进行，并尽量避开 4 月底至 5 月初的强降温天气。打顶抹权过程要注意卫生操作，坚持先健株后病株，并及时将病残株带出烟田集中处理。移栽时，将烟草专用复合肥（10：10：28）40 千克/亩、饼肥 100 千克/亩，条施在大蒜预留行中间作基肥。移栽时，以 5 千克/亩碳酸铵兑水浇足定根水。移栽后 10～30 天，分别追施硝酸钾 5 千克/亩、15 千克/亩，晒烟追肥可配合大蒜追肥进行。灌溉需根据土壤墒情和晒烟需水规律合理安排，一般到了打顶期就不再进行灌溉，以减少病害和促进成熟。

烟叶应从下往上逐叶采摘，下部叶适当早采，中部叶适熟采摘，上部叶适当晚采，这样既确保烟叶质量不受影响，又不影响后茬水稻的适时移栽。

（11）春马铃薯、青玉米、青大蒜间套种（江苏省泰兴市） 张秋萍等（2008）报道，该模式产马铃薯 22.5～27.0 吨/公顷，鲜玉米棒 15 吨/公顷，青蒜 45 吨/公顷。全年三熟均为纯作。马铃薯覆膜栽培的播种时间在 1 月下旬至 2 月初（露地栽培可推迟到 2 月中旬）。马铃薯采取高垄双行地膜栽培，垄距 85～90 厘米，垄高 20～25 厘米，栽植 5000～6000 株/亩，5 月 20 日前后分期采收上市。玉米于 5 月初用制钵器制钵育苗，5 月底前采取宽窄行移栽大田，宽行距 90 厘米，窄行距 30 厘米，株距 22～25 厘米，栽植 4500～5000 株/亩，7 月底前后采收鲜玉米棒上市。大蒜于 8 月中旬用平板锄头开行点播，平均行距 12 厘米左右，株距 3.5 厘米，栽 15000 株/亩，10 月中旬至春节期间陆续采收上市，早收的可栽种秋冬蔬菜，这样又能增加部分经济收入。

(12) 大蒜、越冬菜、玉米、早熟白菜（芹菜）"三菜一粮"间套种（山东省东平县） 马庆稳（2005）报道。种植规格：秋季整地时，按每 180 厘米为一种植带，采取高低畦种植，高畦宽 60 厘米，撒种菠菜；低畦宽 120 厘米，种 9 行大蒜，大蒜行距 18 厘米，株距 12 厘米，每亩约 30000 株。大蒜、越冬菠菜 9 月下旬播种，最晚不能晚于 10 月上旬。翌年 3 月下旬菠菜陆续收获，5 月上旬菠菜收完后种 2 行玉米，株距 20 厘米，每亩 3700 株。6 月中旬，大蒜收获后在玉米大行内施足底肥，深翻整平后，种 2 行大白菜，或撒播秋芹菜。大白菜行距 90 厘米，株距 30 厘米，每亩 2500 株左右。芹菜育苗畦留苗 12 厘米×12 厘米，大田移栽行距 15 厘米，株距 10 厘米。

(13) 大蒜、菠菜、冬瓜、玉米间套种（山东省东平县） 该模式一般亩产蒜头 1500 千克、蒜薹 400 千克，菠菜 750 千克，冬瓜 9000 千克，玉米 300 千克以上，经济效益显著。

种植规格：每 1.8 米为一种植带，整成大小畦，大畦宽 120 厘米，种 9 行大蒜，小畦宽 60 厘米，撒种菠菜，翌年收获菠菜后，套种冬瓜，收大蒜后套种玉米。大蒜 9 月下旬播种，按行距 15 厘米、株距 10 厘米的密度直接栽植在大畦内，栽植深度 3 厘米，翌年 5 月下旬收获蒜薹，6 月上旬收获蒜头；菠菜 9 月下旬播种，畦面划成间距 10

厘米左右的浅沟播种，翌年 3 月底前收获；冬瓜翌年 4 月下旬在小畦内种一行，按株距 50 厘米直播，每亩种植 740 株，8～10 月收获；玉米翌年 5 月下旬播种，即在冬瓜行间种 1 行玉米，株距 20 厘米，每亩种植 1850 株。

(14) 大蒜、玉米、大白菜间套种（青海省海东市乐都区）　大蒜应尽量早播，日平均气温 3℃ 以上时即可播种，一般 3 月上旬播种，6 月下旬大蒜收获；玉米在 4 月 20～25 日播种；大白菜在 6 月下旬至 6 月底播种。

种植规格：土壤解冻 10 厘米后，划地成带，带宽 130 厘米，其中玉米行带宽 30 厘米，起垄种 1 行，株距 20 厘米，保苗 2500 株/亩；大蒜行带宽 100 厘米，行距 12 厘米，株距 5 厘米，种 6 行，开沟点播，播深 4～6 厘米，保苗 60000 株；大蒜收获后，整地起垄，大白菜垄宽 60 厘米，垄高 10～15 厘米，株距 50 厘米。

(15) 小麦、大蒜、夏玉米、秋芸豆间套种（山东枣庄市）　种植规格：该模式采用条带种植，每 1.8 米为一带，分为大小畦，中间起垄。大畦宽 1 米，种 6 行小麦；小畦宽 80 厘米，种 5 行大蒜，覆盖地膜。小麦收获前 7～10 天带麦套种玉米，芸豆与玉米同穴播种，每一带上种植 3 行玉米。玉米收获时先收玉米棒与玉米叶，茎秆留下作为芸豆的支架，与芸豆秧一起收割。

据调查统计，该模式中小麦每亩产 450 千克，蒜每亩产 700 千克，蒜薹每亩产 170 千克，芸豆每亩产 850 千克。

(16) 春大蒜、夏玉米、秋大白菜间套种（河北省滦南县）　本种植模式采用大小垄种植，大垄宽 1.2～1.3

米，种植 4 行大蒜，小垄宽 50 厘米，种植 2 行玉米。大蒜 3 月上旬播种，6 月中旬收获；4 月中下旬套种玉米，8 月底、9 月上旬收获；大白菜采用育苗移栽的种植方式，8 月上旬播种，8 月下旬定植在大垄上，11 月上旬收获。该模式生产技术简单，成本低，效益高。

（17）大蒜、玉米、菠菜（芫荽）间套种（陕西省陇县） 大蒜在 8 月 10～25 日播种，玉米在翌年 4 月下旬至 5 月上旬开始播种，菠菜、芫荽在 9 中旬至下旬开始播种。

规范种植：大蒜地里套种玉米选用 1 米带型，即大蒜占 2/3，玉米占 1/3。大蒜共播种 4 行，行距 15 厘米，株距 5～6 厘米，每亩留 5 万株；玉米实行双行种植，株距 30～33 厘米，每亩留 2800～3200 株；菠菜、芫荽在玉米的宽行里撒播，出苗后按株距 5～6 厘米留苗。

（18）春甘蓝、玉米、大蒜间套种（陕西省陇县）

① 茬口安排 春甘蓝在 12 月 25 日至翌年 1 月 15 日开始育苗，3 月 20 日至 4 月 10 日进行移栽定植，每亩种植 4000～4400 株，5 月 20 日至 6 月 10 日陆续采收上市。玉米在 4 月 20 日至 5 月 10 日进行点播，每亩种植密度 2800～3200 株，收获期同大田玉米。大蒜 8 月中旬在玉米行间均匀点播，可按株行距 15 厘米×15 厘米的规格进行栽植，每亩种植密度 30000 株，翌年 5 月上旬开始采收蒜薹，5 月下旬采收蒜头。

② 种植规格 一般采用 130 厘米宽带型，实行宽窄行地膜覆盖，窄行距 50 厘米，宽行距 70 厘米，窄带地膜覆盖，膜上定植甘蓝，地膜两侧种植玉米，宽带栽植大蒜。

（19）大蒜、菠菜、糯玉米、甘蓝、白菜间套种（山东省济宁市） 筑畦面宽 2 米，垄宽 40 厘米。10 月上旬在畦内播种 10 行大蒜，行距 20 厘米，株距 13～15 厘米，5 月初拔蒜薹，5 月下旬收获蒜头；在大蒜播种的同时，垄上播种菠菜；4 月下旬菠菜收完后在垄上点 2 行糯玉米，株距 26～30 厘米，每亩种植密度 4500～5000 株，7 月下旬采鲜嫩玉米棒上市；5 月下旬大蒜收完后移栽甘蓝，行距 50 厘米，株距 50 厘米，每畦内移栽 4 行，每亩种植密度 2200 株，8 月上中旬收获甘蓝；8 月中旬播种白菜，每垄播种 1 行，行距 2.4 米，株距 50 厘米，每亩种植密度 600 株，10 月下旬收获白菜。

（20）大蒜、玉米、萝卜间套种（江苏省邳州市） 在 10 月上中旬种植大蒜，翌年 4 月中下旬大蒜田套种玉米，8 月上中旬播种萝卜。

大蒜播期应掌握在 10 月上中旬，也可以根据萝卜市场需求，适当推迟播期。一般大蒜的最适播期为秋分至寒露，种植密度应掌握在每亩 25000 株，行距 20～25 厘米，株距 10～13 厘米。大蒜适宜浅播，其覆土厚度为 2～3 厘米，不宜过厚，否则蒜头小、产量低。

4 月 20 日左右，在大蒜行中套种玉米，采用宽窄行，窄行间隔 3 行蒜，大约 50 厘米，宽行间隔 5 行蒜，大约 100 厘米，株距 30 厘米，种植密度 2700 株/亩。

8 月上中旬播种萝卜，生长期较长的品种可以在玉米行间套种，生长期适中的品种在玉米收获后及时清理田间，做畦播种。播种采用直接点播或条播，点播每穴 3～5 粒种子，在 4～5 片真叶时定苗，每穴留 1 株。

（21）生姜、荷兰豆、玉米、大蒜间套种（江苏省新沂市） 立夏前后种姜，10月中下旬收获，11月上旬种植荷兰豆，次年5月下旬收获结束即种玉米，玉米收获后9月下旬种大蒜，第三年5月上旬大蒜收获结束。

姜芽长至1厘米左右即可播种，东西方向开沟，沟距50厘米，宽25厘米，深15厘米。芽姜一般留1个壮芽，行距50厘米，株距20厘米，盖土厚度一般为4～5厘米，10月中下旬收获。在生姜收获后整地，一般4米一畦，畦沟宽40厘米，深30厘米，11月上旬播种荷兰豆，行距1米，穴距15厘米，每穴3～4粒，次年5月下旬收获结束即种玉米。玉米开沟点播，一般每亩留4000株。大蒜9月下旬播种，保证蒜苗以4叶1心越冬，采用地膜覆盖栽培，做1.5米地上畦，4月份采薹上市，5月上旬收蒜头。

（22）大蒜-辣根-青玉米间套种（江苏省盐城市大丰区） 幅宽60厘米，9月上中旬按15厘米行距开沟播种大蒜，株距8～10厘米，幅与幅之间留20厘米空幅待播辣根和玉米。翌年4月中旬采收蒜薹，6月上旬采收蒜头。在翌年3月播种辣根，种在大蒜两幅间，辣根株距23～27厘米，在11月底、12月初1次明霜后即可采收。于清明节前后播种青玉米，青玉米穴距30厘米，穴播于辣根与大蒜之间，7月中旬采收。

（23）大蒜、甜瓜、玉米、豇豆、毛豆间套种（江苏省邳州市） 秋播大蒜1米做畦，预留1米空幅，春季空幅内栽植甜瓜。大蒜收获后点播玉米，玉米株间同时点播豇豆。甜瓜收获后播种毛豆。

大蒜一般于9月20日至10月10日播种，栽插规格：

栽插 5 行大蒜，行距 20 厘米，株距 10～13 厘米，栽植密度 12000～14000 株/亩，栽后覆盖地膜。甜瓜 3 月上旬播种，催芽后直播，株距 40 厘米，栽植密度 800～900 株/亩。5 月下旬大蒜收获后及时点播玉米，点播 2 行玉米，行距 40 厘米，株距放大为 80 厘米，种植密度 1000 株/亩。豇豆和玉米同时点播，播于 2 株玉米中间，以玉米作架杆，每穴播 3～4 粒，定苗时留双苗。毛豆于 6 月初甜瓜收获后及时拉去瓜秧，点播 4 行毛豆，穴距 25～30 厘米，每穴留 2 株，一般于 7 月底摘收毛豆。该模式一般每亩产量为大蒜 750 千克，甜瓜 2000 千克，玉米 2000 千克，豇豆300 千克，毛豆 500 千克。

(24) 大蒜、菠菜、西瓜、玉米、绿豆间套种（山东省金乡县）　做畦，畦长 50 米左右，每 2.5 米为 1 个播种带，其中畦面宽 2 米（恰好能铺 1 幅地膜），畦埂宽 50 厘米，高 20 厘米，呈拱形。大蒜、菠菜 9 月底、10 月初同时播种，在畦面内栽 10 行蒜，株距 13～15 厘米，密度每亩 20000 株左右。畦埂上撒播菠菜，菠菜 4 月初以前收获完毕，大蒜 5 月 20 日前收获。西瓜 3 月底、4 月初小拱棚育苗，谷雨节后移栽于蒜田畦埂上，每条畦埂栽 1 行，株距 50 厘米，密度每亩 530 株，7 月中旬西瓜陆续成熟。5 月下旬大蒜收获后整地，芒种节气后播种玉米，每畦种 3 行，跨西瓜的大行距 1.1 米，无西瓜的小行距为 70 厘米，株距 20～25 厘米，密度每亩 3300～4200 株左右，9 月中旬玉米成熟。7 月中下旬，当西瓜全部摘完后立即清除瓜秧，抢时套种绿豆，每条畦埂种 2 行，挖穴点播，穴距 20 厘米，每穴下种 3～4 粒，每穴留双株，绿豆成熟期不一致，分期采收，9月下旬采收结束。

(25) 马铃薯、玉米、大蒜间套种（陕西省鄠邑区） 马铃薯2月底前播种，75天后开始收获。马铃薯收获后开始种玉米，玉米9月20日前收获。8月20日前在玉米地行间套种大蒜，12月蒜苗开始上市，翌年1月底前基本结束。

马铃薯整地要求深翻，做宽50～65厘米、高20～25厘米的垄，每垄种两行，株距10～15厘米，深度10厘米，播种后覆盖地膜。5月中旬马铃薯收获后，及时整地播种玉米，行距67厘米，株距25～28厘米，每亩留苗3800～4000株。8月20日前在玉米行间套种大蒜，行距20～25厘米，株距3厘米，播深3厘米。

(26) 香椿、大蒜、早玉米、蒜苗、洋葱间套种（陕西兴平市） 早玉米行距60厘米，香椿、大蒜、蒜苗行距均为30厘米，洋葱行距20厘米。第一年4月上旬按行距30厘米的规格开沟播种香椿。7月下旬至8月上旬在两行香椿之间播种大蒜。第二年5月下旬大蒜收获后在其位置按行距60厘米播种玉米，株距27～30厘米，留苗3300～3500株/亩。7月下旬至8月上旬香椿苗挖后在两行玉米之间套种一行蒜苗，行距30厘米。11月下旬利用地膜栽培方式定植苗龄70天的洋葱苗，行距20厘米，株距15厘米，留苗约20000株/亩。该模式亩香椿产芽菜700千克，香椿苗6000株，大蒜产蒜薹750千克、蒜头500千克，早玉米产鲜嫩玉米棒3500个，蒜苗产量2600千克，洋葱产量4000千克，其经济效益显著提高。

(27) 大蒜、山芋苗、青糯玉米间套种（江苏省如皋市） 大蒜9月20日适墒播种。播前及时剥种分瓣，大小种分级播种。株行距 6～7 厘米，冬至至春节前后，视市场需求及价格，按 25～30 厘米的行距分期抽行收获青蒜。3 月底开始，蒜薹高出最后一片叶子 8 厘米左右且上部直立的时候开始采收。如果想要提高产量，那么则需在 15 厘米处上部弯曲的时候采收。5 月上中旬，收获蒜头。4 月 25～30 日，在抽行的大蒜行间，按 25 厘米×（8～10）厘米或 15 厘米×（10～12）厘米的规格套栽山芋苗，每亩栽植 30000～40000 株，6 月初开始，当苗高达到 25 厘米时及时采苗。青糯玉米 6 月 25 日至 7 月 1 日播种，每亩栽 4500～5000 株，雌穗花丝转红 18～20 日即可采收上市。

(28) 花瓶菜、水稻、大蒜间套种（福建省邵武市） 2 月底花瓶菜直播，3 月下旬至 4 月上旬上市；3 月 20 日至 4 月 5 日水稻播种，密植规格为 20 厘米×16 厘米或 20 厘米×20 厘米，每亩插 116 万～210 万丛；8 月底到 9 月上旬大蒜播种，做成畦宽 1.5 米、沟宽 0.3 米、畦高 0.2 米的畦播种，行距 12 厘米，株距 4 厘米，青蒜元旦或春节上市。每亩产花瓶菜 2000～2500 千克、水稻 600～700 千克、青蒜 2500～3500 千克。

(29) 水稻、大蒜、马铃薯间套种（贵州省三都水族自治县） 第一季，马铃薯 12 月中下旬至 1 月初播种，4 月 25 日左右收获；第二季，水稻 4 月初播种，8 月底收获；第三季，大蒜 8 月底播种，12 月底收获。

12 月中下旬至 1 月初播种马铃薯，行距 50 厘米，株距 23 厘米，播种深 8～10 厘米；水稻采用宽窄行移栽，宽行 40 厘米，窄行 26 厘米，株距 20 厘米；大蒜在 8 月中下旬水稻收割后及时翻犁施播，以 2 米开厢，厢面 1.7 米，厢沟 0.5 米，采用直播，露地栽培，行株距 20 厘米×8 厘米，定向种植，以生产青蒜为目的，一般根据市场需求，11 月开始即可采收。

（30）药用大蒜、甜玉米、荠菜间套种（河南省商丘市） 大蒜豫东平原区 9 月下旬至 10 月上旬播种，行距 16.5～18.0 厘米，株距 8.0 厘米，每亩 40000～46000 株，5 月中、下旬采收。甜玉米一般采取宽窄行或等行距种植，行距 70 厘米，株距 30 厘米，一般在玉米授粉后 20～23 天、果穗乳熟末期至蜡熟期采收最佳。荠菜播种后 40 天、植株达 10 片叶以上时即可采收。

（31）大蒜、玉米、菜花间套种（河北省辛集市） 大蒜采用地膜栽培，9 月下旬种植，翌年 6 月初收获。下茬玉米套种秋菜花，大蒜收获后及时采用大小行播种玉米，大行行距 1.8 米，小行行距 40 厘米。秋菜花于 7 月上旬育苗，8 月上旬在玉米大行内定植，行距 43 厘米。9 月下旬收获玉米，10 月下旬收获菜花。

（32）小麦、南瓜、夏玉米、大蒜套种（陕西省关中地区） 整地后，按 233 厘米宽划分套种带，其中 166 厘米于 10 月上旬条播小麦，67 厘米留作瓜沟。翌年早春浅犁瓜沟，松土保墒，4 月上旬在日光温室中用营养钵或纸筒育南瓜苗。4 月下旬将南瓜苗定植在预留的瓜沟中，株距约 50 厘米，每穴 1 苗。6 月上旬收割小麦后浅犁，给瓜行两侧筑畦埂，然后在原小麦带中播种 2 行玉米，行距 66 厘米，株距 23～27 厘米，每窝播 2～3 粒种子，间苗 1～2 次，6～7 叶定苗，每窝留 1 株，苗高 35 厘米左右时，中耕、培土成垄。8月上旬采收老南瓜，拔瓜秧后施基肥，整地，播蒜。播蒜时温度尚高，有玉米植株给大蒜畦遮阴，可提早出苗。10月上旬玉米收获后又可播种小麦。11月份至翌年2月份采收冬蒜苗。

(33) 瓜类、春玉米、大蒜套种（陕西省关中地区）　早春整地筑畦，定植瓜苗的畦称"瓜沟"，宽约100厘米；留作瓜蔓（秧）伸展的畦称"延畦"，宽250～400厘米，根据所种瓜类的蔓长确定。如果种笋瓜或南瓜，则于3月中旬在阳畦（冷床）中育苗，4月中旬定植到瓜沟中，每沟栽2行，株距33厘米。如果种冬瓜，则于3月下旬在阳畦中育苗，4月下旬定植到瓜沟中，每畦栽2行，早熟冬瓜株距为23～27厘米，晚熟冬瓜株距为40～43厘米。

4月上旬在延畦中点播玉米。延畦宽250厘米者在畦中央点播1行，延畦宽400厘米者点播2行，株距23厘米。

笋瓜、南瓜于7月下旬拔蔓，冬瓜于8月中下旬拔蔓。拔蔓后施基肥整地，结合给玉米培土成垄。8月中旬在玉米垄间播种事先经过潮蒜的蒜种。

玉米于9月中下旬收完，将玉米秆齐地面砍掉，在垄上又可栽青菜。青菜于8月下旬育苗，9月中下旬栽，株距23厘米。11月下旬至12月中下旬冬蒜苗和青菜收获完毕后，冬闲。

(34) 大蒜、菠菜、花生套种　以2.4米为一个种植带筑畦。9月下旬至10月上旬种植地膜大蒜10行，行株距为20厘米×15厘米，每亩栽2万株，每带留空幅50厘米。种好大蒜后随浇水于空幅内条播菠菜，菠菜可随市场行情分批收获。4月底至5月初套种花生，这时大蒜开始抽薹，离收获还有 1 个多月，正是花生出苗及幼苗期，二者生长互不影响。此期按标准模式在套种行内，用铲子或套种耧播种花生，每穴 2 粒，随播随覆土。播种时要注意保护大蒜，不要碰断蒜株及叶片。

22. 大蒜间作套种栽培如何实现粮、棉、蒜套种？

（1）棉、麦、蒜、菠菜套种（江苏省徐州市）　有学者报道，江苏省徐州市近年来推广的棉田多熟制栽培模式中，棉、麦、蒜、菠菜套作是其中之一。其具体做法是：每 160 厘米划分为一个种植带。秋分（9 月下旬）时，按行距 20 厘米条播 4 行小麦，按行距 17 厘米、株距 10 厘米点播 4 行蒜。小麦行与大蒜行之间的距离为 25 厘米。大蒜行中撒播菠菜。

4 行大蒜中的两个边行在采收蒜苗后，于 5 月中旬各移栽 1 行棉花，中间 2 行采收蒜头。6 月上旬小麦和大蒜收获后加强棉田管理。一般亩产皮棉 70 千克，小麦 220～240 千克，蒜苗 700～800 千克，蒜头约 200 千克，菠菜 200～300 千克。

（2）夏玉米、棉花、大蒜套种（陕西省关中地区）　小麦收割后，按行距 67～73 厘米、株距 23～33 厘米点播夏玉米，每窝 2～3 粒。玉米出苗后，间苗，定苗，每窝留 1 株。苗高 50 厘米左右时，中耕培土。培土后在玉米行间按行距 13～17 厘米开沟，沟深约 7 厘米，再按 10～13 厘米株距摆蒜种。播蒜后，根据玉米生长的需要灌水追肥。10 月上旬收获玉米棒后，深挖畦埂并加以修整。翌年 4 月中下旬在原来种玉米的畦埂上播种棉花。4月下旬至5月上旬采收蒜薹，5月下旬至6月上旬收获蒜头，9～10月份采摘棉花。这种套种方式的优点是：大蒜根系浅，分布范围窄，植株矮小直立，而且其生长期处于玉米生长后期和棉花苗期，所以对玉米和棉花的生长没有不良影响，又多收一茬蒜。一般亩产夏玉米300千克以上，蒜薹250千克，蒜头500千克及皮棉50千克左右。

（3）绿豆、棉花、大蒜套种（山东省安丘市）　筑净宽1米的畦，其中40厘米留作棉花种植畦，另60厘米留作大蒜种植畦。畦埂宽20厘米。4月中旬在畦埂上点播两行绿豆。棉花于4月上旬播种育苗，5月中旬定植在预留的棉花种植畦中，每畦栽1行，株距23厘米，每亩3000株。9月底至10月上旬在预留的大蒜种植畦中播种4行大蒜，行距20厘米，株距10厘米。绿豆于6月中旬收获，棉花于9～10月份收获，翌年4月下旬收获蒜薹，5月下旬收获蒜头。

23. 大蒜间作套种栽培如何实现棉、蒜、瓜套种？

（1）棉花、大蒜、西瓜套种（江苏省沿江地区）　有学者报道，该模式一般每亩产蒜薹150千克、蒜头700千克、西瓜3500千克及皮棉75千克，经济效益显著。其具体做法如下：每4米宽为一个种植带，其中1.2米留作西瓜畦，另2.8米于10月上旬播种9～10行大蒜，行距30～35厘米，株距8厘米。西瓜选用早熟品种，于翌年3月下旬在塑料薄膜拱棚中用营养钵育苗，4月下旬定植到预留的西瓜畦的中间，行距4米，株距30厘米，每亩栽

550～600 株。5 月上旬收蒜薹，6 月上旬收蒜头，然后在西瓜行间栽 4 行棉花苗，棉花于 4 月上旬在塑料薄膜大棚中用营养钵育苗。棉花的宽行距为 85 厘米，窄行距为 50 厘米，株距 21 厘米，每亩约 3200 株。西瓜于 7 月下旬收获，田间只留下棉花。

这种套种方法的优点是：西瓜定植后不久就采收蒜薹，6 月上旬收获蒜头后，西瓜进入抽蔓期，大蒜和西瓜之间互不影响；西瓜和棉花的共生期约 2 个月，棉花进入生长盛期时西瓜已拔蔓，所以二者之间没有大的矛盾。但值得注意的是，在防治棉花病虫害时，要严禁用剧毒农药，而且在西瓜采收前 10 天，棉花要停止喷药，避免西瓜受到农药污染。棉田发生蚜虫时，可采用在茎基部涂药的方法治蚜。用内吸性杀虫剂，如 50% 久效磷或 40% 氧化乐果 1 份加入缓释剂田菁胶 0.1 份，再加水 5～7 份，配成涂茎溶液，涂在棉秆红绿连接处的一侧，长 6～7 厘米，可有效控制蚜虫的繁殖，药效可维持 10 天以上。涂茎法对防治一代玉米螟和红蜘蛛也有效。

(2) 棉花、大蒜、西瓜、青菜套种 有学者报道，江苏省徐州市近年来推广的棉田多熟栽培模式中，还有一种是棉花、大蒜、西瓜、青菜套种。其具体方法是：每 220 厘米划分为一个种植带，其中 120 厘米于 9 月份撒播青菜；另 100 厘米栽 6 行蒜，行距 20 厘米，株距 12 厘米。翌年早春青菜收获完毕后施基肥，整地，4 月下旬在靠近大蒜行的一侧各栽 1 行西瓜，株距 40 厘米左右。5 月中旬在西瓜行间栽两行棉花。6 月间大蒜收获完毕，原地成为西瓜瓜蔓的爬蔓畦。8 月间西瓜拔秧后，地里只留下棉花。这种套种方式一般每亩产皮棉 90～100 千克、大蒜 500～700 千克、西瓜 2470 千克、青菜 1600～2000 千克。

（3）棉花、大蒜（洋葱）高效种植模式（江苏省）

① 茬口安排　大蒜一般于 9 月底至 10 月上旬播种，播后喷大蒜专用除草剂，然后及时覆膜；洋葱于 9 月底育苗，11 月底覆盖地膜移栽；棉花于 3 月底、4 月初抢晴天播种，5 月 10 日前后移栽。

② 种植模式　杂交棉每亩种植密度控制在 1800 株左右，大行距扩大到 1.1～1.5 米，小行距 0.75 米，在大行中进行间套种。大蒜行距 0.2 米，株距 0.12 米，每亩密度为 2.8 万株。洋葱茬口组合为 1.3 米，4 米为一畦，按株行距 15 厘米×15 厘米栽于空幅中间，畦中间、畦边 3 行移栽棉花。

③ 品种搭配　大蒜选用抗病品种，如邳州白蒜 1 号；洋葱选用抗病、高产、脱毒的红皮洋葱；棉花选用优质、抗病、抗虫、高产品种，如国欣棉 8 号等。

④ 栽培技术　根据土壤供肥状况和间套种作物产量、生长量增加的要求，相应地提高施肥总量，特别要增加有机肥和磷钾肥用量。棉花需施足基肥，移栽前或移栽活棵后施用。每亩施菜籽饼肥 50 千克、45％三元复合肥 15～20 千克、缓释肥 25 千克（28-12-15）、氯化钾 10～15 千克、硼砂 1 千克。重施花铃肥，于开花期每亩施 45％三元复合肥 35～40 千克，配合尿素 10～15 千克，以开沟深施或穴施为好。蒜（葱）底肥，亩施 45％三元复合肥 100 千克，并于根茎膨大后结合灌水，亩冲施氮、钾复合肥 2～3次，每次 25 千克。

（4）棉花、大蒜（洋葱）高效种植模式（江苏省徐淮地区徐州）

① 茬口安排　5 月 10～15 日为蒜套棉适宜移栽期，10 月 10～15 日为棉套蒜适宜播期，9 月上旬为早熟洋葱适宜播期，9 月 10～15 日为中熟洋葱适宜播期，两者均在 11 月上旬移栽。

② 种植模式　大蒜套棉花以 5 行蒜 1 行棉的 5-1 式套种模式为宜：棉花行距 1 米，株距 39 厘米，密度 25650 株/公顷；大蒜行距 20 厘米，株距 15 厘米，密度约 9800 株/亩。洋葱套棉花以 6 行洋葱 1 行棉的 6-1 式为佳：棉花行距 108 厘米，株距 36 厘米，棉花密度 25725 株/公顷；洋葱行距 18 厘米，株距 18 厘米，密度 1.5 万株/公顷。

第四章

大蒜生理性病害
及其防治

1. 大蒜二次生长有哪些特点？如何预防？

（1）**大蒜二次生长** 春季大蒜生长到一定时期，鳞芽开始分化，叶片退化，鳞芽逐渐形成蒜瓣，退化的鳞芽外的鳞片形成了蒜瓣的外皮，这是大蒜正常生长的一般规律。在 3 月份，大蒜在蒜薹露出之前，蒜轴周围长出 5～6 个小蒜叶，围着蒜轴生长。这些小叶是新蒜瓣的外皮顺着蒜薹长出的一条长长的新叶，而新蒜瓣的生长点并没有萌动。这称为大蒜瓣退化叶再生长现象，有的称为二次生长现象，也称为马尾蒜现象、大蒜发杈现象。该现象是退化的蒜叶在遇到外界条件适合时出现的再生长现象。这种出叶现象对蒜薹产量影响较大，一般减产 30％～40％；对蒜头产量影响较小，一般减产 10％～20％，但是蒜皮变厚，蒜瓣变小，品质降低。

（2）产生原因

① 种蒜的选用不当　由于遗传性是使大蒜产生二次生长的主要因素，若选用不适宜本地区种植的品种，将会大大促进大蒜二次生长现象的产生。

② 蒜种贮藏场所的环境条件不当　低温加上高湿将会使大蒜外层型和内层型二次生长株率提高。

③ 播期不当　蒜瓣是由鳞茎盘上叶腋的侧芽发育形成的，同时受温度、光照、养分等多方面的影响，因此盲目提前播期，也是使大蒜产生二次生长的一个主要原因。

④ 栽培管理措施不当　大蒜的适应性较强，但在生长过程中对环境条件、养分、水分都十分敏感，管理过程中的大肥大水和偏施氮肥，都会造成大蒜产生二次生长。

（3）防治措施

① 选用优质蒜作种　栽种大蒜时首先确定蒜种的选用，应选择色泽洁白、顶芽肥大、无病无伤的蒜瓣，坚决淘汰断芽、腐烂的蒜瓣。

② 改善贮藏条件　在播种前 30 天，将蒜种贮藏在温度 20℃以上，空气相对湿度 75％的环境中，可以十分有效地控制二次生长的产生。

③ 严格播种期　适宜大蒜鳞茎膨大的温度为 20～25℃时，高于 26℃时大蒜进入休眠，日照时数低于 13 小时新叶虽可继续分化，但不能形成鳞茎盘上的侧芽，所以大蒜栽种时必须因地、因种严格播期，不能盲目提早播种。

④ 适当进行蒜种处理 播种前将种蒜在阳光下晾晒 2～3 天，使得蒜瓣间疏松，掰蒜瓣容易。播时剥掉蒜皮，除去残留茎盘，这样既可减少大蒜二次生长的产生，又可以使其萌芽早、出苗整齐。

⑤ 合理密植 白皮蒜的最佳行株距为 16 厘米×10 厘米，红皮蒜的最佳行株距为 10 厘米×8 厘米。

⑥ 加强管理措施 在大蒜的整个生长期中，需要加强肥水供应，但不宜大肥大水。在最关键的鳞茎膨大期可每亩追施大蒜专用复合肥 25～30 千克；每 3～5 天浇 1 次小水，保持地表不干即可；此期还可以叶面喷施 600 倍的磷酸二氢钾 2～3 次，以增补磷钾肥。

大蒜实行覆盖栽培时，应注意以下几点：

第一，秋播大蒜的播种期应比不覆盖栽培的推迟 5～10 天，春播大蒜的播种期应比不覆盖栽培的适当提早 5～7 天。

第二，施用长效性有机肥和化肥作基肥，在做畦时一次施入。氮肥用量较不覆盖栽培者减少 1/3 左右。磷、钾肥用量与不覆盖栽培相同。揭膜前不施追肥。

第三，采用塑料薄膜拱棚覆盖栽培时，无论秋播还是春播，盖膜时间不宜太早，最好在花芽和鳞芽开始分化后盖膜，揭膜时间不可过迟，一般当气温稳定在 15℃ 以上、蒜薹行将露出总苞时，便可揭去棚膜或地膜。揭膜时间晚，二次生长增多，同时花薹迅速生长时气温和地温过高，对花薹发育不利，畸形蒜薹增多。

第四，田间操作时尽量避免对植株的地下部或地上部造成机械性损伤。

大蒜裂头散瓣有哪些特点？如何预防？

蒜头的外面原来是由多层叶鞘（蒜皮）紧紧包裹着的，蒜瓣不易散裂。但生产上经常出现蒜头开裂、蒜瓣散落的现象。产生原因及防治措施：

（1）品种选择不当 有的品种，蒜头的外皮薄而脆，很容易破碎。应选择不易裂头散瓣的品种。

（2）地下水位高，土质黏重 地下水位高、土质黏重的地块种植大蒜，由于排水不良，土壤湿度大，叶鞘的地下部分容易腐烂，造成裂头散瓣。可采用高畦栽培或选择地下水位较低且易于排灌的壤土或沙质土栽培。

（3）播期不当 播种期过早时，在蒜头膨大盛期植株早衰，下部叶片多变枯黄，蒜头外围的叶鞘提早干枯，蒜头肥大时易将叶鞘胀破，造成裂头散瓣。播种过晚时，花芽分化时的叶片数少，蒜头膨大时也容易将叶鞘胀破。播种期适宜时，花芽分化时有较多的叶片，可以较好地保护蒜头。

（4）田间管理措施不当 中耕、灌水、追肥不当都会引起裂头散瓣。秋播大蒜早春返青后，要浅中耕；蒜头肥大期应停止中耕，以免损伤蒜头外皮。蒜头收获前半个月左右浇水过多或降雨过多或排水不良时，由于土壤湿度大，地温又高，蒜头外皮容易腐烂，造成裂头散瓣。所以，收获前应根据土壤墒情和天气情况，适当控制灌水，并做好开沟排水工作，降低土壤湿度。

植株生长期间要避免多次大量施用速效性氮肥，防止由于发生二次生长而造成的裂头散瓣。已发生二次生长的植株要适当提早收获，否则易裂头散瓣。

（5）采收时期及方法不当 过早抽取蒜薹或抽蒜薹时蒜薹从基部断裂，造成蒜头中间空虚，也容易散瓣。蒜头采收过迟，蒜头外皮少而薄，特别是当土壤湿度大时，外皮易腐烂，茎盘易枯朽，造成裂头散瓣。除了要掌握蒜头成熟期标准外，蒜头收获后应及时将根剪去，则残留在茎盘上的根毛在干燥过程中呈米黄色，而且坚实紧密，对茎盘起保护作用，不易散瓣。

（6）蒜头收获后遇连阴雨 蒜头收获后遇连阴雨无法晒干时，如果堆放在室内，茎盘易霉烂，造成散瓣。量少时可将大蒜植株移至室内，蒜头朝上摆放在地上晾；量多时可将蒜头朝下摆在秫秸架上，上面用苫席和防雨布遮盖，周围挖排水沟，待雨停后立即揭席通风。

（7）贮藏方法不当 蒜头经晾晒后移至室内挂藏时，如果过于拥挤，而且离地面又近，在多雨季节蒜头会返潮，茎盘发霉腐烂，引起裂头散瓣。

3. **大蒜出现抽薹不良的原因有哪些？如何预防？**

（1）发生原因 主要由环境不适或栽培管理不当造成。贮藏期间已经解除休眠的蒜瓣，或者播种后的幼苗期需要 30～40 天、0～10℃低温才能分化成花芽，如果遇到高温和长日照条件，花芽和鳞芽感受的低温不足不能正常分化，就会产生不抽薹或者不完全抽薹的植株。另外，从海拔高的地方引种也会出现不抽薹现象。

（2）防治措施 气温较高的年份，可适当提前播种，或者采取不覆盖地膜栽培措施；严把引种关，从高纬度往低纬度引种时，可对蒜种采取 0～10℃ 低温处理，处理时间一般不少于 30 天。

将从春播地区引进的低温反应迟钝型品种在秋季或春季播种时，一般都不抽薹；其中也有少数品种，如新疆伊宁红皮蒜，无论秋播还是早春播，完全抽薹率可达 100％。

秋播或春播时间过晚，低温感应不足，植株瘦弱，营养生长不良时，不分化花芽；大的种瓣则形成不抽薹的分瓣蒜，小的种瓣则形成不抽薹的独瓣蒜。

引种时应了解品种的抽薹习性及原产区的纬度和海拔高低。

4. 大蒜过苗的原因有哪些？如何预防？

（1）产生原因 如果秋播大蒜冬前温度较常年偏高，将会加速蒜苗生长。冬前大蒜长至 7～10 片叶（越冬最佳苗龄为 5～7 叶），会出现过苗现象，致使蒜体因生长过快，出现营养积累较差，抗逆性降低，年后返青慢，病害重等现象。

（2）防治措施

① **巧施返青肥** 大蒜返青后可趁雨雪天气亩撒施 40％氮硫肥 15～20 千克或尿素 10～15 千克，以弥补年前因旺长过度消耗土壤养分的不足，提高供肥能力，满足大蒜返青的养分需求。

② **重施提苗肥** 华北地区，在 4 月上旬（清明节前

后）亩施 30～40 千克 40％氮硫肥或尿素。可采用撒施和冲施相结合的方法进行。此期重施以氮硫为主的肥料，配合能增加土壤生物活性氮供应的暖性肥料，来提高土壤供肥能力，增强根系吸肥能力，满足大蒜旺盛生长对养分的需求。

③ 施好膨大肥　在蒜薹露出缨时（华北地区多在谷雨前后，最迟不能晚于 4 月底），可亩随水冲施高氮高钾型冲施肥料 15～20 千克，以加速蒜头膨大。以后根据天气情况只浇水，不再地面施肥。

④ 高产配套增大剂施用　全生育期要喷施大蒜增大剂 3 次。华北地区分别在 3 月中旬、4 月中旬和 4 月底，结合喷药进行，亩蒜头可增重 200～300 千克。

5. 大蒜出现叶尖枯黄的原因有哪些？如何预防？

(1) 产生原因　大蒜叶尖枯黄除了可能在烂母期发生外，在其他时期也可能发生。其原因主要有以下几个方面：

① 退母期养分供应不足。

② 根部受地蛆危害。

③ 冬季土壤干燥，水分供应不足。

④ 土壤排水不良，根系呼吸受阻，植株受湿害。

⑤ 土质黏重而且耕土层浅，根系分布浅，易受土壤过干过湿的影响，春季气温上升时，表现明显。

⑥ 在相同栽培条件下，不同品种间叶尖枯黄的程度有差异。

（2）防治措施　防治地蛆危害，用灭蝇胺与阿维菌素、吡虫啉等交替混合喷淋或灌根；施用堆肥或充分腐熟的有机肥；轮作也是一种好的防治措施；为防止黄尖，应在退母前，即播种后30～40天开始追肥灌水，避免或减轻黄叶和干尖的发生，对促进花薹和蒜瓣分化有一定作用；喷洒1.8%爱多收液剂6000倍液或云大-120植物生长调节剂3000～4000倍液，对防治黄叶、干尖有一定的作用；选择地下水位较低，排水良好的沙壤土种蒜；实行高畦栽培，加深耕土层，促进根系发达；维持比较稳定的土壤湿度，避免忽干忽湿以及保证烂母期的养分供应。

⑥ 大蒜出现瘫苗的原因有哪些？如何预防？

大蒜未达收获期，植株假茎便变软，叶片枯黄，瘫伏在地上，这种现象称为"瘫苗"，也叫"瘫秧"。这是一种早衰现象，严重影响大蒜产量和品质。产生瘫苗的原因有以下几个方面：①大蒜是否容易早衰，与品种习性有关，例如天津宝坻红皮大蒜中的抽薹蒜很少早衰，而割薹蒜早衰严重，一般年份瘫苗率达70%，成为该地区大蒜生产中的一大障碍；②重茬地病虫害严重，地下害虫危害根系，使植株吸水吸肥能力减弱；③葱蓟马及葱潜叶蝇危害叶片使植株营养不良，引起植株早衰；④肥水管理不当，苗子营养不良或过量施用氮肥使苗徒长，也容易引起瘫苗。

要解决大蒜瘫苗问题，应综合考虑，提前预防，做到正确选用肥料，科学施肥。

① 及时轮作换茬，避免连年种植。

② 注意深耕，增深耕作层。

③ 多施有机肥、土家肥，增施微生物菌肥。

④ 病虫害的防治：及时防治茎基腐病、根腐病等病害和蒜蛆等地下虫害。

⑤ 科学施肥：大蒜需肥是有规律的，一般来说，氮肥施用量的 2/3 用于基施，1/3 用于追施；磷肥则全部基施；钾肥的 3/4 用于基施，1/4 用于追施。

7. 大蒜管状叶形成的原因与防治措施是什么？

正常大蒜叶下部为闭合型叶鞘构成的假茎，上部为狭长的扁平带状叶身。生产中经常发现一些不正常株，即在靠近蒜薹的第一至第五片叶处出现闭合式如同大葱叶的管状叶，这是大蒜分化中的一种异常现象。在大蒜产区，管状叶现象时有发生，发生株率一般在 20％左右，严重的地块达 30％以上。

(1) 发病症状　管状叶多在蒜薹外围第二至第五叶上发生，以第三至第四叶发生概率最高。1 个植株上一般发生 1 个管状叶，多的也可能发生 2 个或 3 个。由于管状叶发生后，位于其内部的叶和蒜薹都不能及时展开和生长，而是被套在管状叶中，直至随着其生长和体积的增大，才能逐渐部分地胀破管状叶的基部，但叶尖和蒜薹总苞的上部仍被套在管状叶中，所以这些叶片和蒜薹总苞都被压成皱折的环形，叶片不能展开，蒜薹不能伸直，严重影响叶的光合作用。因而，管状叶发生的位置越是靠外，被套在管状叶中的叶片数越多，对生长和产量的影响越大。管状叶的发生使蒜薹长度减小、重量降低，使蒜头直径减小、重量降低，使内层型二次生长株率和指数增加，蒜薹中干物质、总糖、维生素 C、有机酸和可溶性蛋白质的含量降低。

(2) 发生原因 管状叶的发生与品种和蒜种贮藏温度、种瓣大小、播期和土壤湿度等栽培因素有关。蒜种在 5℃、15℃下贮藏，管状叶发生株率分别比在 25℃下贮藏提高 70.7％和 33.4％；大种瓣管状叶发生株率较高，蒜瓣重为 3.75～5.75 克的大种瓣，管状叶发生株率比重 1.75 克的小种瓣高 1 倍多；播种期早，管状叶发生株率高。土壤缺硼、偏施氮肥也易出现管状叶。

(3) 防治方法 针对目前已知的有关大蒜发生管状叶现象的原因，栽培上首先应采取相应的管理措施，减少管状叶现象。如选用性状相近而不发生管状叶现象的优良替代品种，秋播地区蒜薹和蒜头生产避免蒜种冷凉处理。不要用特大的蒜瓣作种，宜选用中等大小的蒜瓣播种，适期晚播，看墒情浇水，保持适宜的土壤湿度，避免土壤干旱等。生产中一旦发现管状叶，目前没有理想的解救方法，只能采用人工的方式破筒，以助大蒜顺利出薹，减少损失。操作时取大号缝衣针 1 枚，对准大蒜管筒植株用针刺入管状叶的底部（掌握刺入深度以不伤蒜薹为宜）从下向上平行滑动，剥开管状叶使蒜薹出薹顺利。此种蒜薹和鳞茎的生长与正常植株差异不显著。

8. 独头蒜形成的原因与防治措施是什么？

（1）形成原因　独头蒜指鳞茎不分蒜瓣，只有一个圆球状蒜瓣的大蒜。独头蒜产量低，无蒜薹。其发生的原因有：

① 由次生鳞茎产生，因为次生鳞茎个体小，易形成独头蒜。

② 春播时间太晚，气温较高，不能满足植株通过春化阶段所需的低温及时间，未通过春化阶段的植株不能进行花芽、鳞芽的分化，于是，营养芽在长日照下形成独头蒜。

③ 种蒜瓣太小，或是气生鳞茎，由于营养不足，未能进行花芽、鳞芽分化而形成独头蒜。

④ 在幼苗生长过程中，肥水不足或叶子有病虫危害，致使鳞茎形成开始时期生长量小。

（2）防治措施

① 选择较大的蒜瓣留作种用。

② 在蒜叶生长过程中，加强肥水管理和病虫防治，促使鳞茎形成开始时期有较大的生长量。

③ 严格播种期。春季要尽量早播，适宜大蒜鳞茎膨大的温度为 $20\sim25$℃，高于 26℃时大蒜进入休眠期，日照低于 13 小时新叶虽可继续分化，但不能形成鳞盘上的侧芽，所以大蒜播种应严格播种期。

④ 合理密植。合理密植有利于大蒜整体及个体生长。一般白皮蒜密度安排为株行距 16 厘米×10 厘米，红皮蒜

10 厘米×8 厘米。

⑨ 跳蒜形成的原因与防治措施是什么？

蒜播种后，蒜母被顶出地面，常因干旱而死的现象，称为跳蒜。

（1）发生原因　跳蒜发生的原因是栽培地翻耕太浅，水分不足，使土壤下层坚硬，而且播种又浅，致使蒜发根时，成束、立着长的蒜根把蒜母顶出地面。跳蒜会造成死苗、断垄，影响严重。

（2）防治措施　防治跳蒜的措施是耕地应深，播种时土壤水分应充足，播种覆土稍厚，播后土壤要上实下虚。一旦发生跳蒜现象，应立即浇水，把蒜母重新栽入土中。

⑩ 马尾蒜、面包蒜形成的原因与防治措施是什么？

大蒜收获后，经日晒，鳞茎中数层肥厚的鳞片开始脱水成为膜状，整个鳞茎用手捏时手感松软，似捏面包，称为"面包蒜"，这是大蒜鳞芽分化异常而未能膨大成蒜瓣的鳞茎。

（1）产生原因

① 蒜种选用不当　遗传性是产生这种情况的主要因素。

② 蒜种贮藏的条件不当　若蒜种播前 30 天在室温 14～16℃（正常条件下的贮藏温度）或 0～5℃（冷库贮藏温度）、空气相对湿度 75％～100％的环境中贮藏，低温加上

高湿将会使马尾蒜、面包蒜产生株率提高。

③ 播期不当 蒜瓣是由鳞茎盘叶腋的侧芽形成的，同时受温度、光照、养分等多方面的影响，盲目选择播期，也是产生马尾蒜、面包蒜的主要原因之一。

④ 栽培管理措施不当 尽管大蒜的适应性较强，但在生产过程中，其对环境条件、养分都十分敏感，基肥中氮、磷和钾配比不合理，尤其是钾肥过少、磷肥相对过多及追施氮肥时期过早、量过大也是形成面包蒜的主要原因。

（2）防治措施

① 选用优质蒜种 要选择色泽好、顶芽肥大、无病、无伤斑的大蒜瓣作为蒜种，要坚决淘汰小蒜瓣、短芽及有病斑的蒜瓣。

② 严格掌握播种期 栽种必须因地制宜，因品种控制播种期，千万不能盲目过早播种，徐州地区 9 月 25 日至 10 月 15 日为最佳播种期。

③ 一定要进行种子处理 不要过早地剥蒜皮，以免发生腐烂，便于病菌的侵入。一般应掌握在播前 10 天，选择光照充足时将蒜种在阳光下晾晒 2～3 天，再剥掉蒜皮，除掉残留茎盘，这样既可减少畸形蒜的产生，又可以使其萌芽早、出苗整齐。

④ 强化管理 在大蒜的整个生育期中，要严格掌握肥水的供给时间和用水量。根据土壤墒情和大蒜的不同生育期，浇灌好"三水"，即越冬水、返青水和蒜头膨大水，时间上一般在 12 月上中旬、2 月下旬和 5 月上旬各浇 1 次水；施好"三肥"，结合浇灌"三水"同时进行，用量一

般掌握在越冬肥施尿素 225 千克/公顷，返青肥施尿素或复合肥 300 千克/公顷，膨大肥于膨大初期施尿素 150 千克/公顷。

⑤ 适期收获　蒜头的收获时期一般应掌握在蒜薹采收后 20～25 天，叶片枯萎、假茎松软而不脆，此时为采收最佳时期。

11. 复瓣蒜形成的原因与防治措施是什么？

复瓣蒜指鳞茎的侧芽形成蒜瓣后再次发芽又形成次一级的蒜瓣。这种次一级的蒜瓣很小，同时使整个鳞茎分为几个蒜头，尽管蒜瓣及蒜薹数比正常的多得多，但都很小，商品价值不大。

(1) 产生的原因　主要是在越冬前由一段时间的低温造成的，如人为在秋季播种前用低温处理后的蒜种播种（如冷库中的蒜作为种子），第二年收获时也会产生这种现象。

(2) 防治措施　参见马尾蒜、面包蒜。

12. 裂头散瓣蒜形成的原因与防治措施是什么？

(1) 发生原因

① 播期不合理　播期过早，蒜头膨大盛期植株出现早衰，下部叶片枯黄，蒜头外围的叶鞘提早干枯，蒜头膨大时极易将叶鞘胀破，出现散瓣现象；播种过晚，花芽分化时，叶片较少，蒜头膨大时也容易将叶鞘胀破。

② 田间管理措施不当 大蒜收获前 15 天左右，浇水过多，或者降水较为频繁，排水不良的地块因田间积水，土壤湿度大，地温高，包被蒜头的叶鞘容易腐烂，形成散瓣。

③ 地下水位高 在地下水位高、土壤黏重的地块种植大蒜，由于土壤通透性差，排水不畅，叶鞘的地下部分腐烂，引起裂头散瓣。

④ 采收方法或时期不当 过早收获蒜薹或抽取蒜薹时蒜薹从基部断裂，造成蒜头中间空虚，也容易出现散瓣；蒜头采收过迟，外皮少而薄，土壤湿度大时，包被蒜头的叶鞘腐烂，出现裂头散瓣现象。

⑤ 蒜头收获后天气不好 蒜头收获后遭遇连阴雨天气，导致不能及时晾晒，茎盘极易腐烂出现散瓣现象。

⑥ 品种自身原因 有些大蒜品种包被蒜瓣的外皮薄而脆，在收获或者贮藏过程中很容易破碎出现散瓣现象。

(2) 防治措施

① 选用合适的大蒜品种，如苍山大蒜、苏联二号等，并合理安排播期。适时播种是大蒜获得高产优质的重要措施之一，山东地区一般年份最佳播期为 9 月 20 日前后，确保越冬时有 5～6 片叶，株高 30 厘米。

② 加强田间管理。2 月底至 3 月上旬浇 1 次返青水，植株长势弱的地块，结合浇水每亩追施尿素 10～15 千克；3 月下旬及时浇退母发棵水，结合浇水进行第二次追肥，每亩施用尿素 11～13 千克、磷酸二铵 3～5 千克；收获前 7 天停止浇水，如出现较大的降水，要做到及时排水，防

止田间积水。

③ 选好采收时间。采收蒜薹最好选择在晴天的中午或者午后进行；蒜薹收获 20 天后，叶片变成灰绿色，此时要及时采收蒜头。

13. 开花蒜形成的原因与防治措施是什么？

开花蒜的蒜头外皮破裂，蒜瓣上部向外裂开，似开花状。在鳞茎肥大期，锄地时如将假茎的地下部分或蒜头的外皮损伤，则蒜瓣肥大时产生的压力使蒜头上部的外皮破裂，蒜瓣间产生空隙，然后上部向外裂开。刚收获的新鲜蒜头，如果假茎基部受伤破裂，以后在贮藏期间也会发生"开花"现象。所以，在鳞茎肥大期锄草时，要特别注意，避免损伤蒜头；在收获、晾晒及整理过程中也要避免假茎基部受损伤。

14. 变色蒜形成的原因与防治措施是什么？

(1) 形成原因 变色蒜指白皮大蒜品种，蒜头的外皮变为红色或白色中夹杂有红色条斑。其形成的主要原因是：播种过浅，灌水或中耕后蒜头裸露，受太阳直射；鳞茎肥大期高温干旱，土壤水分不足；收获期太晚。还有一种现象是，蒜头外皮变为灰色或黄褐色。其形成的主要原因是：种植地排水不良；收获期遇连阴雨，土壤湿度过大；收获后未及时晾晒；贮藏场所通风不良，湿度大。

(2) 防治措施 大蒜种植选择富含有机质、通透性良好、保水排水能力强的沙性壤土；注意天气预报，避免遇连阴雨天采收；采收蒜头一周前停止浇水，防止土壤过于湿润；收获后及时晾晒。

15. 棉花蒜形成的原因与防治措施是什么？

（1）形成原因 有学者报道，大蒜在贮藏期间，有些蒜头外观完好，但内部蒜瓣干缩变黑，整个蒜头成为空包，俗称"棉花蒜"。其形成的主要原因是受菌核菌侵染。毛霉、根霉等腐生霉菌的寄生也能导致棉花蒜的产生。蒜头收获后未充分晾晒就堆成堆，使蒜堆湿度大，温度高，极易感病。

（2）防治措施 在贮藏保鲜之前应先对蒜头进行处理，主要包括收获、晾晒、挂（堆）藏后熟和整理初加工（剪须根、分级）等 4 个过程；高温干燥贮藏法温度控制在 $25\sim35℃$，相对湿度控制在 60%；冷藏应在蒜头收获后，在蒜头生理休眠期，将蒜头放在室内或防雨棚内贮藏，以节省成本，待蒜头生理休眠结束后，立即将其移入冷库，于 $(0\pm1)℃$、空气相对湿度 $70\%\sim75\%$ 的条件下贮藏；气调贮藏适宜的气体成分组成为：氧气 $3\%\sim4\%$、二氧化碳 $5\%\sim6\%$。

16. 腰蒜形成的原因与防治措施是什么？

有的大蒜品种，在抽薹期和鳞茎膨大期，假茎中部逐渐膨大，形成小蒜头，有的假茎甚至开裂，露出小鳞茎。

小蒜头一般由几个蒜瓣构成。由于这种小蒜头位于大蒜植株的腰部，因此称为"腰蒜"。解剖观察可见，这种腰蒜实际着生于蒜薹顶端，是蒜薹上的气生鳞茎。只是由于这些植株的蒜薹伸长生长不足，尚未伸出假茎，气生鳞茎就膨大了。

腰蒜的发生主要与品种的抽薹性有关，一般发生在半抽薹品种上，或完全抽薹品种引入异地栽培时，由于蒜薹分化和发育条件不充分，花芽分化晚，抽薹晚，表现出半抽薹性。由于未抽出假茎的蒜薹一般都不采收，随着外界环境温度的升高和日照时数的延长，大蒜植株生长受到抑制，鳞茎加速膨大，蒜薹顶端的气生鳞茎也随之在假茎腰部膨大形成腰蒜。

防止腰蒜的发生，一是要合理选用品种，科学引种；二是要注意创造花芽分化和抽薹的环境条件，以满足品种花芽发育的需要。

17. 葱头蒜形成的原因与防治措施是什么？

大蒜植株基部不能充分膨大形成蒜头，稍稍膨大的鳞茎内无肥大的蒜瓣，而是由一层层松散排列的叶鞘基部构成，形似洋葱的葱头，故名"葱头蒜"。这种现象在新疆种植吉木萨尔白皮蒜的地区时有发生，在陕西大蒜产区也曾出现过。

葱头蒜的发生，主要是由于蒜种贮藏期间或播种后没有经历足够天数的低温，以及栽培管理粗放致使苗的生长瘦弱时，鳞芽不能分化，从而不形成蒜瓣。

有学者发现，引自高纬度地区的低温反应迟钝型品种中，有些品种（甘肃民乐蒜、临洮红蒜、临洮白蒜、内蒙古土城小瓣蒜、黑龙江阿城白皮蒜）鳞芽分化发育期光周期经 8 小时和 12 小时的处理，蒜种处理温度不论是 5℃、20℃，还是 35℃，都形成"葱头蒜"；而光周期经 16 小时的处理，在三种蒜种温度处理中，都可以形成正常蒜头。可见产生"葱头蒜"的重要原因之一，是鳞芽分化发育期日照时间不足。

18. 大蒜倒伏、早衰的原因与防治措施是什么？

倒伏：是由于植株生长不正常或群体过大，浇水施肥不当，群体内光照不足，个体制造和积累的有机养料少，根系不够发达，叶梢和茎组织柔软等造成的。茎的基部节间细长而弱，不能担负地上部分的重量，叶片大而披，严重的在抽薹后受风雨吹袭或浇水过多，就易发生倒伏。倒伏越早，减产越多。

早衰：从播种至收获，大蒜根系表现生长不健壮、发根量少，且有沤根或腐根现象，造成后期根功能下降，吸水吸肥能力减弱，植株提前进入衰老状态，影响蒜头的膨大，严重的植株出现枯死现象。

（1）倒伏、早衰的原因

① 有机肥施用量下降　有机肥包括沤制的秸秆粪及猪牛鸡粪等，有机肥属完全性肥料，内含各种作物生长发育所需要的营养及元素，缺乏哪种元素都会对农作物的生长造成影响。

② 复合肥施用数量过多　复合肥中的氮素多选用尿素，尿素中含有大量的缩二脲，缩二脲数量的增加必然会影响到根系的生长，施用愈多，烧根现象愈严重。

③ 重茬　大蒜重茬时间过长，大量的病菌滞留在土壤当中，并会进行大量的繁殖，危害作物生长；此外，重茬导致土壤养分的下降或微量元素的不足，影响大蒜产量和品质。

④ 除草剂　主要使用乙草胺、二甲戊灵，每亩用量200毫升。但有些蒜农使用除草剂用量严重超标。除草剂主要危害作物根部，大蒜出苗后，根系吸收除草剂易造成沤根，新根出现少或不发新根，严重的造成植株死亡。翌年大蒜开始返青生长，遇到浇水会再次对大蒜造成危害，浇水之后 3～5 天大蒜出现叶片变黄，严重的蒜田黄叶比达到 2/3，影响光合作用和根系的吸收能力。

⑤ 盐碱危害　大蒜适宜的土壤酸碱度为 6.5～7.5 之间，土壤过酸过碱都不利于大蒜生长，表现为根系受到危害，叶片、叶尖易黄，影响植株正常生长。

⑥ 气候条件影响　大蒜种植过早过晚都不利于其生长，特别是翌年 3～4 月份黄淮地区易出现温度忽高忽低现象，加之光照不足，影响了过氧化物酶的活性和数量，不利于蒜苗对钙的吸收，蒜薹抽出后，施用氮素过多，或遇到大风天气，倒伏现象更加严重。

（2）防治措施

① 以有机肥为主，配施化肥　在耕作前，应尽量增加有机肥的施用数量，或利用秸秆还田，大搞积肥活动，保证土壤有足够的有机质含量，一般每亩施腐熟有机肥

3000～4000 千克、三元素复合肥 50 千克。在偏碱性土质每亩配施过磷酸钙 40～50 千克或硫酸钙 20 千克，因为过磷酸钙中含有钙元素，钙能促进纤维素的合成，提高茎秆的硬度，延缓根系衰老，并能促进其他元素的吸收利用，提高抗性，增加产量和品质。

②做到深耕细作，增加土壤活性　大蒜连年种植造成重茬现象，使土壤中留下大量的病菌，同时带菌的病残体及其他田间寄生物都是重要的侵染源，一旦遇到适宜的气候条件，病菌就会侵染蒜苗，造成病害的严重发生。由于种蒜长期旋耕、浅耕，土壤结构遭到破坏，土质变劣，耕层变浅，根系不能下扎，土壤深层中的矿物质元素不能得到充分发挥，影响作物的吸收作用，降低了作物抗性。

③合理密植及精细管理　首先要合理密植，密度过大，影响通风透光，致使作物间相互争夺养分；密度过小，浪费地力和空间。在播种时应根据以下原则确定密度：肥地密，薄地稀；早熟品种密，晚熟品种稀；施用氮素肥料大的密，氮素肥料施用少的稀。大蒜晚熟品种适宜密度为 2.5 万～3.0 万株/亩，早熟品种 3.0 万～3.5 万株/亩。其次要加强田间管理，拔除杂草，避免争光，减少养分流失。再次，春季气温低，浇水时应防止大水漫灌，以提高地温，利于培育壮苗，促进蒜苗生长，减轻病害发生程度。

④除草剂的选择　首先要选用适宜的除草剂，蒜田封闭型除草剂如二甲戊灵、乙草胺，应根据土质、肥力水平使用，沙质土壤应为 150～200 毫升/亩，黏土地应为 200～250 毫升/亩，喷洒一定要均匀一致，避免漏喷现

象，不要随意加大施药量，避免对大蒜造成不良影响。对于因除草剂造成的伤苗沤根及蒜叶变黄现象，一经发现，可选用硫酸钙（生石膏粉）20 千克/亩兑水冲施，5～7 天后可解除除草剂造成的危害，植株叶片开始由黄色转变为绿色，防治效果达 100％。

19. 大蒜收薹后死棵的原因与防治措施是什么？

（1）发生原因 一是肥料使用不合理，农民追求产量心切，一次使用化肥过量，多数农民有机肥用量不足，土壤盐分含量高，微生物失衡；二是连作重茬，耕作时未深翻，土壤板结，土传病害加重，土壤缓冲能力弱；三是在使用底肥时化肥使用过多或畜粪没有充分腐熟，造成轻微烧根；四是冲施劣质肥料伤根，返青前表现正常，返青后，温度升高，农民开始追肥，多数农民喜欢买便宜的冲施肥，冲上劣质肥后导致大蒜根系受伤，造成蒜苗很快发黄，干尖加重，这是造成死棵的主要原因；五是年前退母期养分供应不足和土壤过湿以及冬天冻害或年后倒春寒危害；六是蒜蛆、金针虫等地下害虫，叶茎部病害，除草剂超量使用，以及水分管理不当等造成的。

（2）防治措施 大蒜需肥是有规律的，一般来说，氮肥施用量的 2/3 用于基施，1/3 用于追施；磷肥则全部基施；而钾肥的 3/4 用于基施，1/4 用于追施。同时，也要重视中微量元素肥料的施用，适当施用含硫肥料，一般每亩施用 6 千克含硫肥料效果较好；对于微量元素的施用量，如硫酸锌每亩施 1～2 千克，硼砂每亩施 1 千克左右，可以防止缺素症的出现。

　　在给大蒜追肥时，应适当增加生物肥料，减少单次化肥的用量，做到少量多次。建议每亩冲施普利登鱼蛋白有机肥 4 千克＋高氮高钾冲施肥 5 千克；结合叶面防治病虫害，在喷施杀菌剂或杀虫剂的同时喷施 500 倍液普利登鱼蛋白＋800 倍液磷酸二氢钾，可以减少干尖，防止叶片过早老化，提高大蒜中后期的抗病能力，减少死棵。对因地下虫害引起的死棵，建议浇灌毒死蜱、辛硫磷或阿维菌素，禁止使用剧毒农药。

第五章

大蒜病虫害草害
识别与防治技术

1. 大蒜白腐病（菌核病）的识别和防治方法是什么？

（1）症状 大蒜白腐病又称菌核病。该病主要为害叶片、叶鞘和鳞茎。发病初期外叶叶尖条状发黄，逐渐向叶鞘、内叶发展，后期整株发黄枯死。鳞茎发病初期，病部表皮表现水浸状病斑，长有灰白色菌丝层，呈白色腐烂，并产生黑色小菌核，鳞茎变黑、腐烂。地下部分靠近须根的地方先发病，病部呈湿润状，后向上发展并产生大量的白色菌丝。

（2）发病规律 该病以菌核在土壤中越冬，长出菌丝借灌溉、雨水传播蔓延。病菌生长适宜温度为20℃以下，低温高湿环境下发病快而严重。植株生长不良，连作，排水不良，阴雨天，缺肥地块条件下发病重。菌核可在土中存活1年。

（3）防治方法

① 农业防治 与非葱、蒜类作物实施 3～4 年轮作。清洁田园，发现病株，及时挖除。早春追肥，提高蒜株抗病力。收获后及时深翻，深度要求 20 厘米以上，将菌核埋入深层。采用紫外线塑料膜高畦覆盖，抑制菌源。土壤消毒，种植前每亩用 20％甲基立枯磷 0.5 千克兑细土 20 千克配成药土，拌匀撒施。播前用 10％盐水漂种 2～3 次，除去菌核；种子用 50℃温水浸种 10 分钟，即可杀死菌核；也可在播种前用蒜种量 0.5％～1％的多菌灵可湿性粉剂拌种后再播种。

② 药剂防治 发病初期可喷洒 50％多菌灵可湿性粉剂 500 倍液，或用 50％异菌脲（扑海因）可湿性粉剂 1000 倍液灌淋根茎；贮藏期也可喷洒 50％多菌灵 500 倍液，或 50％异菌脲（扑海因）1000 倍液。隔 10 天左右 1 次，连防 1～2 次。采收前 3 天停止用药。

露地出现子囊盘时，喷撒 5％百菌清粉尘剂，每亩用 1 千克，或用 50％扑海因或 50％农利灵可湿性粉剂 1000 倍液、20％甲基立枯磷乳油 1000 倍液、50％扑海因可湿性粉剂 1500 倍液加 30％甲基硫菌灵（甲基托布津）可湿性粉剂 1000 倍液于盛花期喷雾，隔 7～8 天喷 1 次，连续防治 3～4 次；在土壤中撒施石灰，可明显抑制菌核病的发生。

2. 大蒜干腐病的识别和防治方法是什么？

（1）症状 干腐病在大蒜的整个生育期和贮藏期都可以发生，以贮运期发病较重。大蒜生育期发病，病株叶尖发黄，干枯，根部呈褐色腐烂，切开鳞茎基部可见病斑向内向上蔓延，呈半水浸状腐烂。贮运期多从蒜根部发病，蔓延至主鳞茎基部，使蒜瓣变黄褐色，干枯，病部可产生橙红色霉层。

（2）发病规律 病菌以菌丝体、厚垣孢子等在土壤中越冬。田间操作时，施用未腐熟的肥料以及种蝇为害等造成根、茎部的伤口有利于病菌侵入。高温高湿环境下发病严重。病菌生长温度范围为 4～35℃，以 25～28℃ 为最适宜，发病适温为 28～32℃。如接近成熟时遇土壤高湿，病害加重。贮运期间温度在 28℃ 左右时，大蒜最易腐烂，而在 8℃ 时却很轻。

（3）防治方法

① 农业防治 在无病区选留种蒜；选无病、充实饱满的蒜瓣作种；与非葱蒜类作物实行 3 年以上的轮作；田间操作时注意不要造成伤口，及时防治害虫，减少虫伤；贮运期间控制温度，保持 0～5℃ 的低温，不可超过 8℃。

② 药剂防治 田间发现萎黄植株，应及时用 50％甲基托布津 800 倍液，或 75％多菌灵 600 倍液，或 75％百菌灵可湿性粉剂 600 倍液灌根治疗。如有根蛆为害，可加入 50％乐果乳油 1000 倍液或 50％辛硫磷乳油 1500 倍液。如发现种蝇应把其杀灭在产卵前，可及时喷洒 50％辛硫磷乳油 1000 倍液或 25％辛硫磷乳油 1000 倍液。采收前 3 天停止用药。

3. **大蒜叶枯病的识别和防治方法是什么？**

（1）症状 大蒜叶枯病主要为害大蒜的叶片和蒜薹。

叶片上的症状主要有两种：一是秋季苗期蒜苗中、下部叶片先发病，叶尖发白逐渐形成尖枯，翌年 2～3 月气温回升至 8～10℃时，病斑沿叶脉向下扩展，叶片逐渐枯死；二是春季病菌直接从叶片其他部位侵染，病斑初呈花白色圆形斑点，扩大后呈不规则形或椭圆形、灰白色或灰褐色病斑，中央灰白色或淡紫色，在高湿生长条件下和大蒜生长后期病斑上有黑色霉状物产生，并由灰白色转变为灰褐色。蒜薹上的症状主要表现为在薹梢和蒜薹上出现黄白色斑点，蒜薹不易贮藏，从而失去食用价值和商业价值。

（2）发病规律　病菌主要以菌丝体或子囊壳随病原体越冬，菌丝生长的最适温度为 15～25℃，低于 8℃或高于 25℃时生长均受到抑制，34℃以上时停止生长。分生孢子形成适宜温度为 20～25℃，萌发适温为 15～34℃。大蒜出苗后，温湿度适宜时产生分生孢子，随气流或雨水飞溅传播造成初步侵染，之后病部产生分生孢子进行再侵染。该菌系弱寄生菌，常伴随霜霉病或紫斑病混合发生，其流行情况与气象因素、土壤条件、耕作制度、田间管理等密切相关。该病除侵染大蒜外，还可侵染大葱、洋葱、韭菜等作物。

① 气象因素　大蒜叶枯病病菌对温度的适应性较强，但发病时需要较高的湿度。该病的发病适温为 15～20℃，每年的 11～12 月份、4～5 月份为发病高峰期。在大蒜生育期内，降雨频繁、雨量大、雾天多、光照不足时发病较重。

② 土壤条件　土壤黏重、地势低洼、排水不良的田块往往发病较重。

③ 耕作制度　连作田块尤其是与葱、蒜类蔬菜混作时，普遍发病较重。

④ 田间管理　施用有机肥过少或施用前未充分腐熟，氮、磷、钾肥施用比例不合理特别是偏施氮肥的田块，一般发病较重；种植密度大、透光性差的田块发病重；瘦田瘦地、肥力不足的田块，蒜株生长弱，发病重；随意将植株病残体堆放于田间地头的，往往发病较重。

(3) 防治方法

① 农业防治

a. 合理轮作　避免与葱、韭菜、洋葱轮作，宜与大田禾谷类作物、辣椒、马铃薯、瓜类作物及其他非寄主作物实行 3 年以上轮作。

b. 清洁田园　发病后，及时清除田间病株；大蒜收获后，及时清除田间杂草、病株，并集中烧毁或深埋。

c. 精选蒜种　尽可能选用脱毒蒜、抗病蒜、无病虫蒜，精选大瓣蒜，力求蒜种大小均匀。

d. 合理施肥　多施有机肥特别是猪粪、鸡粪，施用前注意充分腐熟，增施磷钾肥、饼肥，最好做到配方施肥和平衡施肥。

e. 加强栽培管理　宜选择地势稍高、地下水位较低、排灌方便、土壤有机质丰富、保肥保水能力强的沙壤土地块种植。在低洼地种植时，建议采用小垄或高畦栽培，同时要挖好排水沟。种前深翻整地（深翻 30～40 厘米），浇足底墒水后合理密植，雨后注意及时排水。

f. 采用地膜覆盖栽培　覆盖地膜可有效减少病原借雨水、灌溉水传播的机会，还可提温、保墒。

② 药剂防治

a. 种子消毒　播种前，可用 50℃ 的温水浸种 30 分钟；或选用 50％甲基托布津可湿性粉剂、50％多菌灵可湿性粉剂、70％代森锰锌 0.5～1.0 千克，兑水 5.0～7.5 千克，均匀喷洒于蒜种上，然后晾干播种。

b. 土壤处理　可将福美双与五氯硝基苯按 1：1 混合，每亩用药 500～750 克，再与 200～300 千克干细土混匀，在翻地前撒施于地表。

c. 药剂防治　雨后应及时喷药防病。发病初期，可选用 70％代森锰锌可湿性粉剂 500 倍液、30％氧氯化铜悬浮剂 600 倍液、64％杀毒矾可湿性粉剂 500 倍液均匀喷雾，每 10 天喷 1 次，连喷 2～3 次。喷药时，在每 50 千克药液中加磷酸二氢钾 100 克，可明显提高防治效果。为防止产生耐药性，应交替轮换使用以上药剂。

4. 大蒜病毒病的识别和防治方法是什么？

(1) 症状　大蒜病毒病是由多种病毒复合侵染引起的，其症状不完全相同，归纳起来有以下几种：①叶片出现黄色条纹；②叶片扭曲、开裂、折叠，叶尖干枯，萎缩；③植株矮小、瘦弱，心叶停止生长，根系发育不良，呈黄褐色；④不抽薹或抽薹后蒜薹上有明显的黄色斑块。

(2) 发病规律　蚜虫和蓟马用刺吸式口器从病株中吸取带毒汁液，成为病毒携带者，再通过刺吸式口器将病毒传送到其他植株中。线虫用吻针刺入病株组织吸取营养汁液时带毒，再为害健株，将病毒传入。瘿螨主要为害贮藏的蒜头，其传毒方式是以螨体前端的喙，刺入带毒蒜瓣后，螨体带毒，再为害其他蒜瓣，将病毒传入。

被病毒侵染的蒜头，当年并不表现带毒症状，而是在播种后长出的幼苗上或成年植株上表现出病毒病症状，因此要及早清除田间带病毒植株。高温干旱，植株生长不良时，症状严重；水肥充足，植株生长健壮时，症状较轻。

（3）防治方法

① 农业防治　采用脱毒大蒜生产种；实行 3～4 年轮作，避免与大蒜及其他葱属作物连作；大蒜田周围不要种植其他葱属作物，如大葱、洋葱、韭菜等；消灭大蒜植株生长期间及蒜头贮藏期间的传毒媒介。种子带毒是大蒜病毒病重要来源之一，如种子带毒，大蒜苗期即会发病受害，对产量影响极大。因此，一定要注意做好种子处理工作。可在播种前严格选种，淘汰有病、虫的蒜头，再将选出的种瓣用 80％敌敌畏乳剂 1000 倍液浸泡 24 小时，以消灭螨类。从幼苗期开始，对种子田进行严格选择，及时拔除发病植株，以减少病害传播。加强大蒜生产田的水肥管理，培育健壮植株，增强大蒜抗病力。

② 药剂防治　发病初期，喷蓖麻油 100 倍液，或高脂膜 200 倍液，或 10％混合脂肪酸水乳剂 100 倍液，或 20％盐酸吗啉胍·乙酸铜可湿性粉剂 500～1000 倍液，或 83 增抗剂、病毒 A 或 1.5％植病灵乳油 1000 倍液。

5. **大蒜紫斑病的识别和防治方法是什么？**

（1）症状　大蒜紫斑病在大田生育期为害叶和花梗，

贮藏期为害鳞茎。田间发病多开始于叶尖或花梗中部，初呈稍凹陷的白色小斑点，中央微紫色，扩大后病斑呈纺锤形或椭圆形，黄褐色，甚至紫色，病斑多具有同心轮纹，湿度大时，病部长出黑色霉状物，即病菌分生孢子梗和分生孢子。贮藏期鳞茎染病后颈部变为深黄色或黄褐色，呈软腐状。

（2）发病规律　病菌以菌丝体附着在寄主或病残体上越冬，翌年产生分生孢子，主要借气流和雨水传播。孢子萌发和侵入时，需要有露珠和雨水，所以阴雨多湿、温暖的夏季发病严重。

（3）防治方法

① 农业防治　播种前种瓣用 40～45℃温水浸泡 90 分钟；或用 50％多菌灵可湿性粉剂拌种，药剂用量为种瓣重量的 0.5％；或用 40％多菌灵胶悬剂 50 倍液浸种 4 小时，预防种瓣带菌；实行 3～4 年轮作，避免与葱蒜类蔬菜连作。

② 药剂防治　发病初期喷布 70％代森锰锌可湿性粉剂 400 倍液，或 75％百菌清可湿性粉剂 500 倍液，或 40％灭菌丹可湿性粉剂 400 倍液，或 64％噁霜锰锌可湿性粉剂 400～500 倍液，或 64％杀毒矾可湿性粉剂 500 倍液，或 50％扑海因可湿性粉剂 1500 倍液。隔 7～10 天喷洒 1 次，连防 3～4 次。

6. **大蒜黑头病的识别和防治方法是什么？**

（1）症状　该病主要为害大蒜的鳞茎，在贮藏期间的大蒜鳞茎上经常可见，在其上初生具紫红色边缘的小凹陷斑，后病斑扩大，凹陷更加明显，病斑上长出黑色丛霉状物，即病原菌的分生孢子梗和分生孢子。

(2) 发病规律　病菌以菌丝体或分生孢子在大蒜鳞茎上越冬、越夏，条件适宜时侵入蒜瓣引起发病。当温度达到 20℃左右时，菌丝体可产生厚垣孢子，分生孢子梗从菌丝或厚垣孢子生出，分生孢子梗上长出分生孢子，分生孢子借风力及雨水传播到有伤口的大蒜鳞茎上侵染，大蒜收获后，在贮藏期间遇到适宜的雨水环境条件进行再侵染。

(3) 发病因子

① 地下害虫　大蒜的地下害虫主要有根蛆、根螨、地老虎、韭蛆等，地下害虫的为害都能使大蒜鳞茎造成伤口，特别是根蛆、韭蛆发生重的地块，大蒜鳞茎受伤重，为病原菌入侵提供了更好的条件，易感病。

② 收获期气候条件　在收获期若遇雨天，土壤湿度大，蒜皮薄，蒜皮易腐烂，鳞茎易损伤，易感病。

(4) 防治方法

① 做好地下害虫的防治。低海拔地在 3 月中旬、4 月上旬各防治一次；中海拔地区在 4 月上旬、4 月下旬各防治一次；高海拔地区在 4 月中旬、5 月上旬各防治一次。其方法是：每亩用毒死蜱乳油 400 毫升或 50％的辛硫磷乳油 100 毫升，随水冲施。

② 注重大蒜生育后期管理。在大蒜收获前 25 天左右，喷施 75％百菌清可湿性粉剂 500 倍液或 70％的代森锰锌 500 倍液，并注意清除行间老病残叶、杂草等，保持

透风透光，田块不能积水。

③ 强化收获期管理。在大蒜收获期间一定要细心，尽量避免刀伤、碰伤，不宜在雨天或露水未干时采收。装袋前把受伤的鳞茎分别装袋，分开放置，以防交叉感染，装袋时应轻拿细放，减少对鳞茎的机械性损伤，降低病原物的侵染机会。

④ 加强贮存运输管理。贮存期间控制好温、湿度，温度控制在7℃左右，湿度控制在90％左右。运输期间应轻拿轻放，避免损伤，要把受伤的大蒜挑出来。运输最好用冷藏运输，把温、湿度控制在病原物适宜活动的范围之外。

⑤ 在贮藏期间，若作为大蒜种子，可用硫黄蒸气灭菌，以降低来年病菌基数。

7. 大蒜与蒜薹灰霉病的识别和防治方法是什么？

(1) 症状　该病主要为害蒜叶、蒜薹。大蒜灰霉病棚室发生较多，主要为害叶片。发病初期叶片两面产生有褪绿色的小白点，逐渐沿叶脉扩展成长形或梭形斑块，先从叶尖向下扩展，致使多数叶片一半枯黄，湿度大时，密生较厚的灰色绒霉层，使叶片变褐色或呈水渍状腐烂。

(2) 发病规律　大蒜灰霉病在大田主要靠病原菌的无性繁殖体，即病叶上的灰霉传播蔓延。蒜薹灰霉病主要靠潜伏在植株上的菌丝体、菌核，在贮藏期低温条件下引起发病，因此贮藏窖或贮藏库在低温、高湿的条件下，该病发病严重。一般入库3～4个月后即可发病，使蒜薹腐烂并长出灰霉状物，即病菌分生孢子梗和分生孢子，可以说该病是冷库的毁灭性病害。

(3) 防治方法

① 农业防治　选用抗病品种；及时清除田间病残体，防止病菌扩散蔓延；合理密植，适时通风降温，棚室内要根据蒜的长势确定，外温低时，通风要小或延迟，严防扫地风；加强田间管理，多施有机肥并及时追肥，浇水，除草，培育壮苗，提高大蒜抗病力。

② 药剂防治

a. 露地大蒜发病初期可喷洒 50％扑海因可湿性粉剂 1000 倍液，或 50％速克灵可湿性粉剂 1500～2000 倍液。

b. 可喷施 40％多菌灵·硫黄胶悬剂 800～1000 倍液，或 50％灭病威可湿性粉剂 600～800 倍液。隔 7～10 天喷 1 次，连续防 2～3 次。

c. 棚室大蒜可采用烟雾法或粉尘法防治。烟雾法：发病始期施用特克多烟剂，每 100 米^3 用量 50 克（1 片）；或 15％腐霉利（速克灵）烟剂或 45％百菌清烟剂，每亩用 250 克熏 1 夜，隔 7～8 天 1 次。粉尘法：于傍晚喷撒 5％百菌清粉尘剂，或 10％灭克粉尘剂，每亩用 1 千克，隔 9 天 1 次，可视病情与其他杀菌剂交替使用。采收前 7 天停止用药。

d. 防治蒜薹灰霉病要控制贮藏窖和贮藏库的温、湿度，温度控制在 0～12℃，湿度在 80％以下，并要及时通风排湿。必要时可喷洒 45％特克多悬浮剂 3000 倍液，或 50％多霉灵可湿性粉剂 1000～1500 倍液。为了减小窖内湿度，可选用 45％特克多烟雾剂。

e. 蒜薹入库上架预冷时，可选用保鲜灵烟剂熏烟。具体方法是：在冷库通道中均匀布点，例如 2000 米^3 的冷库，布点 10～15 个，每个点放置保鲜灵烟剂 0.7～1 千克，将其垒成塔形，然后点燃最上面的一块，让其自行冒烟（此烟剂不冒明火），将冷库关闭 4～5 小时后，开启风机。

8. 大蒜疫病的识别和防治方法是什么？

(1) 症状　叶片自叶尖向下呈水渍状，灰绿色，似被沸水烫过，斑面隐现云纹，发病部位与健康部位分界不清晰。病症一般不甚明显，湿度大时病斑腐烂，上面产生稀疏灰白色霉，干燥时易消失。花茎染病亦呈水渍状腐烂，导致全株枯死。

(2) 发病规律　病菌在病株地下部分或土壤中越冬。初春条件适宜时，病部产生的游动孢子借风雨和灌溉传播蔓延，进行侵染。高温、高湿发病重，温度、湿度条件适宜时，该病一旦发生，蔓延非常快，短时间内可致全田毁灭，导致绝产。

(3) 防治方法

① 农业防治　选用抗病品种；小垄或高畦栽培；注意排涝，防止湿度过大，合理浇水；合理轮作；收获后要及时清除病残体，集中深埋或无害化处理；提倡增施有机肥、生物菌肥和钾肥，少施氮肥，以增强大蒜抗病能力。

② 药剂防治　发病初期喷洒 72% 克露可湿性粉剂 600 倍液，或 58% 甲霜灵锰锌可湿性粉剂 500 倍液，或 70%

百德富可湿性粉剂 600 倍液。

也可选喷 25％甲霜灵可湿性粉剂或 64％噁霜锰锌可湿性粉剂 600 倍液，或 66.5％霜霉威水剂 800 倍液，或 72％霜脲氰代森锰锌可湿性粉剂 600～800 倍液，或 69％安克锰锌＋75％百菌清（1∶1）1000 倍液，每 7～10 天喷 1 次，连喷 2～3 次，交替喷施，前密后疏。

9. 大蒜锈病的识别和防治方法是什么？

（1）症状 主要为害叶片。病部初期为梭形褪绿斑，后在表皮下出现圆形至椭圆形稍凸起的夏孢子堆，散生或丛生，周围有黄色晕圈，表皮破裂散出橙黄色粉状物，即夏孢子。一般基叶比顶叶发病重，严重时，病斑互连成片而致全叶枯死，后期在表皮未破裂的夏孢子堆上长出表皮不破裂的黑色冬孢子堆。病株蒜头多开裂散瓣。

（2）发病规律 在北方寒冷地区，病菌以冬孢子越冬；在南方温暖地区，病菌以夏孢子作为初侵染与再侵染接种体，在寄主间辗转传播，完成其病害周年循环，并无明显越冬期。该病菌在温暖多湿，春季多雨、高湿条件下发病重；地势低洼，与葱、蒜连（混）作田中发病也重。

（3）防治方法

① 农业防治 选用抗病品种，如紫皮蒜、舒城蒜较耐本病；避免葱、蒜混种，注意清洁田园，以减少初侵染源；适时晚播，防止脱肥，避免偏施氮肥，减少灌水次数，杜绝大水漫灌。

② 药剂防治

a. 种子消毒 用 40％甲醛 200 倍液浸种 30 分钟，然后冲净晾干播种。或用种子重量 0.3％的 50％福美双或 40％敌菌丹拌种。

b. 化学防治 发病初期，可选用 15％三唑酮可湿性粉剂 1500 倍液，或 97％敌锈钠可湿性粉剂 300 倍液，或 25％丙环唑乳油 3000 倍液，或 40％氟硅唑乳油 8000～10000 倍液，或 12.5％烯唑醇可湿性粉剂 4000 倍液，或 25％丙环唑乳油 4000 倍液加 15％三唑酮可湿性粉剂 2000 倍液，或 70％代森锰锌可湿性粉剂 1000 倍液加 15％三唑酮可湿性粉剂 2000 倍液等喷雾防治，10～15 天喷 1 次，防治 2～3 次。

10. 大蒜叶疫病的识别和防治方法是什么？

（1）症状 主要为害叶片、叶鞘。叶片染病分两种：一种是叶斑，叶片在发病初期会出现呈条状的略凹陷的小型浸蚀斑，然后病斑迅速扩大，呈椭圆形，随着病症的加重，变为紫褐色或乳白色；另一种是尖枯，初侵染时，大蒜的叶尖部为深褐色，并在叶尖部分平行分布深紫褐色的斜状斑纹，如不及时防治，整片叶子或者一半以上的叶片布满病斑，发病严重时，全田枯死导致绝产。

（2）发病规律 病菌在病残体上越冬，第 2 年无论蒜体有无伤口，病菌皆可侵染。蒜孕薹和抽薹时期，雨量和降雨次数对病情有一定的影响，降雨多，气温高，发病率就高，病情就严重。

(3) 防治方法 蒜收获后及时清除病残体，集中深埋或者无害化处理；实行轮作，深翻或者做毒土撒施；播种前蒜瓣残体要销毁；发病初期喷洒 50％苯菌灵可湿性粉剂 1000 倍液、50％速克灵或扑海因可湿性粉剂 1000 倍液、50％多霉灵可湿性粉剂 1000 倍液，每 10 天左右喷 1 次，防治 2～3 次，采收前 7 天停止用药。

11. 大蒜软腐病的识别和防治方法是什么？

(1) 症状 大蒜染病后，先从叶缘或中脉发病，并逐渐扩大，形成黄白色条斑，贯穿全叶。高湿时，病部呈黄褐色软腐状，一般基叶先发病，后渐向顶叶扩展蔓延，致全株枯黄或死亡，重病田挥发出大蒜素气味。

(2) 发病规律 病原物是胡萝卜软腐欧氏杆菌，主要通过土壤中病残体上的病原物进行再侵染。秋播大蒜从 11 月开始发病，田间地势低洼、降雨及浇水多、排水不良、田间湿度大处发病重；阴沟阳畦方式栽培的发病重；抗寒性差的大蒜品种发病重；播种过早及施化肥过多而年前生长过旺的发病重。

(3) 防治方法
① 清除病残体，减少初侵染源。
② 搞好肥水管理，培育壮苗。
③ 及时防治蓟马和根蛆等害虫。
④ 在发病初期，可选用 77％氢氧化铜超微粉 500 倍液、14％络氨铜水剂 300 倍液、1000 万单位农用链霉素 4000 倍液或 1000 万单位新植霉素 4000 倍液喷雾，7～10

日喷 1 次，视病情连喷 2～3 次。

 大蒜黑粉病的识别和防治方法是什么？

（1）症状 染病初期在叶、叶鞘和鳞茎上出现灰色条纹，受害叶片逐渐扭曲下弯；发病初，在表皮下有褐色稍隆起的条斑，后膨胀成疱状，内充满黑褐色至黑色粉末；最后病疱破裂散出黑色粉状物（厚垣孢子），病苗或病株枯死。该菌主要侵染植株基部未成熟的幼嫩组织、幼叶及鳞片等。早期发病的病株几乎不再形成鳞茎。鳞茎发病，则外皮先出现黑色隆起的条纹状病斑，以后渐向内部扩展。该病菌主要寄生在洋葱和葱上。

（2）发病规律 病菌以厚垣孢子在土壤或粪肥中越冬，也可附着在种子上越冬。厚垣孢子在土壤中长期存活，可达 16 年以上。土壤中的病原菌在种子发芽后 3 周内侵染子叶。植株此时如能避开侵染，则不发病。病菌生长适温为 18℃，侵染适温为 10～25℃，高于 29℃ 则不发病。播种过深，发芽出土迟，种子与病菌接触时间就长，发病就重；土壤湿度大时发病也重。当叶长到 15～20 厘米后，一般不再发病。

（3）防治方法

① 选择高抗病品种；重病地应与非葱、蒜类作物进行轮作，以防葱、蒜残体带菌；施用腐熟的有机肥或者施用酵素菌沤制的堆肥。

② 播种期定在土壤温度达 29℃ 以上时，可基本避免发病，重病区应适当调整播种期，在高温时播种育苗。

③ 用 40％福尔马林 50 倍液浸种 10 分钟后，冲洗干净再催芽播种，也可用 50％福美双拌种；蒜头充分晾晒后，尽快进行低温、低湿贮藏，贮藏过程中定期用 CT 果蔬烟雾剂处理，减少病害的发生。

④ 播种前可用下列方法进行土壤消毒：石灰与硫黄（1：2）混合粉，每亩 10 千克；或用福尔马林 50 倍液在播种沟内喷洒，每亩 45～50 千克；或用福美双，每亩用药 1.5 千克进行地面喷洒。

⑤ 发现病株及时拔除，集中烧毁，并注意洗净手，对工具进行消毒，以防人为传播。可用 50％福美双或拌种灵 1 千克，兑细干土 100 千克，拌匀后撒施，起到杀菌消毒的效果。

13. 大蒜红根腐病的识别和防治方法是什么？

(1) 症状 大蒜染病后，根及根颈部变为粉红色，植株顶端受害不明显，但鳞茎变小，染病根逐渐干缩死亡，新根不断染病，不断干枯，影响鳞茎生长发育。

(2) 发病规律 病菌长期在土壤中栖居和越冬，遇有适宜的温度和湿度条件即可发病和扩展。该菌生长发育适宜温度为 22～24℃，生产上遇有低温时，不利于根系生长发育。当土温低于 20℃，且持续时间较长时，易诱发此病。土壤黏重的重茬地及地下害虫严重的地块发病重。

(3) 防治方法

① 精选优良品种；前茬收获后及时清除病残组织并进行深翻掩埋；与非葱、蒜类蔬菜进行 3 年以上轮作。

② 加强管理，合理密植。采用高垄或高畦栽培，不要在低洼地上种植大蒜；雨后排水要及时，严禁大水漫灌。施用充分腐熟的有机肥，或施用酵素菌沤制的堆肥。

③ 前茬收获后及时清除病组织并进行深翻，或土壤灌透水，同时用 25～40 微米厚的聚乙烯或聚氯乙烯膜覆盖，强光照射 30～60 天对大蒜红根腐病防效极好。

④ 种子消毒。用 0.1％硫酸铜浸种 5 分钟，洗净后催芽，播种。

⑤ 初期用 50％根腐灵可湿性粉剂 800 倍液或 12.5％增效多菌灵 200 倍液灌根，隔 7～8 天灌根 1 次，连续灌 2～3 次即可。

14. 大蒜炭疽病的识别和防治方法是什么？

(1) 症状 该病为害叶片、花茎和鳞茎。在半枯的叶片和花茎上，形成近梭形或不规则形的褐色病斑，以后生出许多黑色小点。在大蒜蒜头和蒜瓣上生有褐色稍凹陷的圆形、近圆形斑，其上散生或轮生多数小黑点。

(2) 发病规律 病原菌随病残体在田间越冬，也可随病鳞茎越冬。生长季节中随风雨传播，多次重复侵染。发病温度 4～34℃，适温 26℃左右，多雨年份，特别是鳞茎生长期暴风骤雨多的年份，发病较重。低洼地、排水不良地块发病重。

(3) 防治方法 选用抗病品种；实行轮作，最好与非葱类作物轮作；科学灌水，开沟排水，雨住田干，降湿降渍。在发病初期，用 50％甲基硫菌灵可湿性粉剂 600 倍液或 75％百菌清可湿性粉剂 600 倍液喷雾，视病情连喷 2～3 次。

15. 大蒜煤霉病的识别和防治方法是什么？

（1）症状 主要为害叶片。被害叶片初现苍白色小点，后逐渐扩大为与叶脉相平行的梭形病斑，斑边缘红褐色，外围出现黄色波及部（黄晕），斑中部橄榄色，潮湿时出现暗色绒状霉。发病严重时，数个病斑相互连合，终致叶片枯死。本病的外观症状与大蒜叶枯病、紫斑病易混淆，诊断时应注意。其外观症状不同之处在于：紫斑病霉状物病征偏紫色；叶枯病霉状物病征偏黑色，有时后期还出现黑粒病征（病菌有性态子实体——子囊壳），这与本病暗色绒霉病征有别。

（2）发病规律 病菌以菌丝体和分生孢子梗随病残体遗落在土壤中越冬，以分生孢子作为初侵染与再侵染接种体，借助气流或雨水溅射传播，从伤口或气孔侵入致病。植株生长不良易发病；阴雨潮湿的天气有利于发病；植株生长后期更易发病，并较严重。

（3）防治方法

① 农业防治 因地制宜地选用抗病良种；加强栽培管理，提高大蒜植株自身的抵抗力，有助于减轻受害程度。在肥水管理上可参照防治大蒜叶枯病的要求进行。

② 农药防治 除参照大蒜叶枯病药剂防治外，还可喷施 70％甲基硫菌灵＋75％百菌清可湿性粉剂（1：1）1000 倍液，或 50％施保功可湿性粉剂 800～1000 倍液，

或 40％三唑酮·多菌灵可湿性粉剂或 45％三唑酮·福美双可湿性粉剂 800～1000 倍液，每隔 7～10 天喷 1 次，连喷 2～3 次，交替喷施。

16. 大蒜青霉病的识别和防治方法是什么？

（1）症状　该病主要为害鳞茎。病初仅一个或几个蒜瓣呈水渍状，后形成灰褐色不规则形凹陷斑，其上生出绿色霉状物，即病原菌的分生孢子梗和分生孢子。

（2）发病规律　病菌多腐生在各种有机物上，产生分生孢子后，借气流传播，从蒜头伤口侵入。贮藏期管理不善会引起严重损失。有时在收获时可发现，可能与地下害虫有关，个别地块发病重。

（3）防治方法

① 抓好鳞茎采收和贮藏运输工作，尽量避免机械性损伤，以减少伤口。不宜在雨后、重雾或露水未干时采收。

② 贮藏窖可用 10 克/米^{2}硫黄密闭熏蒸 24 小时。

③ 采收前 1 周喷洒 70％甲基硫菌灵超微可湿性粉剂 1000 倍液，或 50％苯菌灵可湿性粉剂 1500 倍液。

④ 加强贮藏期管理，贮藏温度控制在 5～9℃，相对湿度控制在 90％左右。

17. 根蛆为害大蒜的症状和防治方法是什么？

根蛆又叫蒜蛆、地蛆、粪蛆，常见的是种蝇和葱蝇的幼虫。

(1) 症状 蒜蛆以幼虫蛀食大蒜鳞茎，使鳞茎腐烂，地上部叶片枯黄、萎蔫，甚至死亡。拔出受害株可发现蛆蛹，被害蒜皮呈黄褐色腐烂，蒜头被幼虫钻蛀成孔洞，残缺不全，蒜瓣裸露、炸裂，并伴有恶臭气味。被害株易被拔出并被拔断。

(2) 发生规律 根蛆1年发生3～4代，以蛹在土中或粪堆中越冬。5月上旬成虫盛发，卵成堆产在蒜叶、鳞茎和周围1厘米深的表土中，卵期3～5天，孵化成的幼虫就是根蛆。根蛆是腐食性害虫，其成虫有群聚性，趋向腐败发臭的粪肥、饼肥及腐烂植物体，并在上面大量产卵。在大蒜的生育期中，可遭四次根蛆的为害，为害严重的有两次：第一次是在秋播后11月上中旬，天气较暖，气温偏高，葱蝇繁殖后孵化成幼虫，就会为害大蒜幼苗，造成大片死亡；第二次是翌年春天3月上中旬，地温回升后，为葱蝇繁殖和卵孵化创造了条件，在烂母期严重为害大蒜。其为害特点是，根蛆从大蒜根盘部食入，向上蛀食，轻者鳞茎被蛀成孔道，心叶枯萎，植株萎蔫，重者地下幼茎全被蛀食一空，仅留一层表皮，大蒜成片死亡，可造成20％～30％的减产。

(3) 防治方法

① 农业防治

a. 忌施生粪。由于根蛆成虫有趋腐性，所以大蒜地施入的农家肥一定要充分腐熟，并深施；特别是饼肥有香味能引诱根蛆成虫，如果不腐熟会加重为害。

b. 烂母期尽量不浇水，保持土壤表面干燥，阻止卵孵化。

c. 不栽要烂的蒜瓣。因害虫对腐败有趋化性，不栽要烂的蒜瓣可防止其在土壤中腐烂发臭，以免招引成虫产卵。

d. 适时早播。若大蒜播种晚，蒜苗小，蒜母养分冬前吸收少，春季烂母时养分还没有吸收完，结果腐烂发臭招引成虫产卵，使大蒜受到危害。应适时早播，使大蒜在春季烂母前蒜瓣营养已耗尽，减轻危害。最佳播期为 9 月底到 10 月初。

e. 药剂处理有机肥。沤制的有机肥运往蒜田前加入 50％乙酰甲胺磷乳油 500 倍液混匀堆闷，一般每立方米有机肥用乙酰甲胺磷乳油 20～30 毫升。

f. 实行轮作。忌与大葱、韭菜、白菜等轮作。

g. 撒施草木灰。因根蛆喜湿怕干，在大蒜根际撒施草木灰能抑制该虫的发育，不利于其生存，有很好的防治作用。

h. 整地前清理田间、地头、路边的大蒜、葱、韭菜残体，浇足底墒水，结合施入底肥，深翻土壤 30～40 厘米，并耕耙土层，打好播种畦并整平。

② 物理防治　在根蛆成虫大量活动期，配制糖醋液诱杀成虫。其方法为：用红糖 100 克、醋 100 克、水 300 克、90％晶体敌百虫 10 克，搅拌均匀，浇到锯末或麦麸上，加盖密封，晴天打开盖子，引诱葱蝇舐食中毒死亡。

③ 生物防治　在幼虫为害初期，用生物农药 10％蝇蛆净 1500～2000 倍液、1.8％虫螨克乳油（即 1.8％阿维菌素）2000 倍液或千胜 BT 悬浮剂 300 倍液灌根或随水冲施。

④ 化学防治

a. 播种前整地时用 50% 辛硫磷 1.5～2 千克加水 6～7 千克，然后再拌细土 50 千克，结合播种撒施于播种沟内。

b. 在成虫羽化盛期，用 20% 氰戊菊酯乳油 1000～1500 倍液进行喷雾，以上午 9:00～10:00 防治效果较好。

c. 发现幼虫为害时可用 50% 辛硫磷乳油 800 倍液，或 90% 敌百虫晶体 1000 倍液，或 2.5% 溴氰菊酯 2000 倍液喷雾，每周 1 次，连续防治 2～3 次。或每亩用 50% 地蛆净 500 克或 40% 辛硫磷乳油 500～1000 毫升兑水 100 倍，去掉喷头，对准大蒜根部顺垄喷淋，然后浇水。禁止使用高毒剧毒农药。

18. 根螨为害大蒜的症状和防治方法是什么？

(1) 症状 大蒜根螨，主要为刺足根螨，是大蒜种植过程中为害最为严重的虫害之一。成螨、若螨群聚于大蒜鳞茎表面及根表面刺吸为害。鳞茎受害后溢流汁液，细胞组织坏死，后变褐色，被害鳞茎腐烂发臭，地上部枯萎死亡；贮藏蒜头被害时也会腐烂发臭或干燥成为空壳。

(2) 发生规律 刺足根螨在露地条件下 1 年发生 8～9 代，以若螨和成螨在土壤内或受害植株内越冬。在兰陵、平邑的大蒜覆膜田中，于 3 月初开始为害，3 月中旬至 4 月底为为害盛期，大蒜收获后多转到杂草和田间小蒜苗上继续为害，或以休眠体在田间越夏，待秋播大蒜后再转移到大蒜上为害。

根螨在有机质丰富的酸性沙质土壤中易发生。

(3) 防治方法

① 农业防治　一是选用无病虫的田地，不与大葱、洋葱、韭菜连茬种植，在大蒜收获后进行深耕暴晒，可减少虫源；二是增施腐熟有机肥，合理控制氮磷钾肥的比例，增加大蒜的抗逆能力；三是栽种前对土壤严格消毒，并选用无虫的鳞茎作母种，同时对剩下的蒜皮、蒜根、蒜薹残桩及茎盘集中烧毁，以减少侵染源，防止根螨类的发生蔓延。

② 药剂防治　一是蒜头贮藏期间如发现螨类为害，可用硫黄粉熏蒸，每立方米空间用硫黄粉 100 克，加入少量锯木屑，拌匀后装入容器中，放在蒜头贮藏室内，点燃后将门窗封闭熏蒸 24 小时，杀螨效果达 100%，但对虫卵无效，可待虫卵孵化后再熏蒸 1 次效果更好；二是播种前每亩用 1.2% 烟参碱乳油 800～1000 倍液、10% 天王星乳油 6000 倍液、73% 克螨特乳油 2000 倍液或 15% 扫螨净乳油 3000～4000 倍液喷洒，晾干后栽种能杀死大量根螨及其他害虫；三是在 4 月上中旬用 48% 乐斯本乳油、20% 螨克乳油、1.8% 虫螨克乳油、20% 扫螨净乳油 1000～1500 倍液喷注于大蒜基部，连续 2 次，每次间隔 15～20 天，防治效果可达到 80% 以上。

19. **葱蓟马为害大蒜的症状和防治方法是什么?**

(1) 症状　成虫、若虫均以刺吸式口器吸食植物嫩尖、心叶汁液。作物受害后，叶片产生灰白色斑，叶尖枯黄，叶片扭曲，甚至枯萎死亡。

（2）发生规律　葱蓟马在华东地区 1 年发生 6～10 代，华北地区 3～4 代，华南地区达 20 多代。主要以成虫和若虫潜藏在葱、洋葱、蒜的叶鞘内及在杂草、枯枝、落叶和土缝中越冬。翌年春季开始活动，继续为害。

成虫性活泼，善飞翔，可借风势传播到远方，怕阳光直射，白天躲在叶背面或叶鞘内，早、晚和阴天转移到叶面取食。成虫在叶和叶鞘组织中产卵，卵散生。

葱蓟马喜温暖、干旱的气候，多雨季节时其活动受到限制。在大蒜生长期间，葱蓟马在北方主要发生在 5 月上旬至 6 月上旬，在南方主要发生在 10 月下旬至 11 月上旬。在此期间气候温暖，如果少雨干旱，则有利于葱蓟马的繁殖，造成严重危害。

（3）防治方法

① 农业防治　不与其他葱蒜类蔬菜连作，实行 3～4 年的轮作；及时清除田间杂草及枯枝落叶；温暖干旱季节勤灌水，抑制葱蓟马的繁殖和活动。

② 药剂防治　可选用 50％吡虫啉可湿性粉剂 2000 倍液，或 20％高氯·毒乳油 1500 倍液，或 40％乐果乳剂与 80％敌敌畏乳剂 1500 倍混合液喷雾防治，为提高防效，农药要交替轮换使用。

20. 茎线虫为害大蒜的症状和防治方法是什么？

（1）分类　为害大蒜的茎线虫有圆葱茎线虫、甘薯茎线虫和马铃薯茎线虫 3 种，但以圆葱茎线虫为害较大。

（2）症状

① 圆葱茎线虫　圆葱茎线虫以成虫和幼虫从大蒜植株的茎盘、鳞茎及叶片气孔入侵并产卵。卵孵化出的幼虫为害大蒜植株的根、鳞茎和叶片的柔嫩组织，阴雨天可借助植株表面水流，爬向蒜薹和气生鳞茎为害。被害大蒜植株的新叶变扭曲、卷缩，不能展开，植株生长缓慢，类似病毒病的症状；叶鞘变短粗，叶鞘外部变褐并破裂，叶鞘内部向外膨胀，出现"破肚"症状。蒜头被害后，初期被害组织变白，呈水浸状，以后逐渐变软腐烂，最后整个蒜头的外皮全部被蛀食、烂掉，只剩下着生在茎盘上的裸露蒜瓣，甚至蒜瓣上的嫩皮也被蛀食、烂掉，出现蒜瓣"脱皮"症状。该线虫主要在蒜头中越冬，或在贮藏的蒜头中继续繁殖后代。其可通过受害种瓣传播繁殖后代，也可以土壤为传播源，借助水流传播繁殖后代。该线虫有避光性，怕阳光直接暴晒，喜欢在散射光下活动。不耐高温，在 55～57℃下经 3～5 分钟即死亡。

② 甘薯茎线虫　该线虫以成虫及幼虫借助水分经过叶片的气孔或细胞间隙，侵入大蒜组织中为害，引起植株叶片褪绿、变褐、畸形。以后叶片上产生明显的黄斑或溃疡，甚至枯死。蒜头受害后变褐、腐烂。该线虫多在土壤中的残株内越冬，或在蒜头内越冬。

③ 马铃薯茎线虫　分布范围广，为世界性害虫。该线虫以成虫及幼虫从大蒜植株茎盘的生根部位侵入，在鳞茎盘周围繁殖为害。被害大蒜植株靠近根部组织带有稍凹陷的灰褐色或黄褐色病斑，然后植株下部叶片黄化，假茎变软腐烂，最后植株变黄枯死，造成田间缺苗断垄。被害

鳞茎下部首先出现褐色斑点，以后逐渐向上部扩大，致使鳞茎腐烂。该线虫在田间将蒜瓣的肉质全部耗尽后，再借土壤中的水分转移到其他大蒜植株的鳞茎组织中繁殖为害。大蒜收获后，其就在土壤中残留的根上越冬。

（3）防治方法

第一，选择未经大蒜茎线虫污染的土壤种植，或实行3～4年的轮作。

第二，选择健康种瓣，掰蒜后的蒜皮、蒜根、茎盘及蒜薹残桩集中烧毁。

第三，播种前进行种瓣消毒。用38℃水浸种1小时，然后投入1％福尔马林溶液中；温度保持在49℃，浸20分钟后用冷水洗净，晾干后播种，可消灭茎线虫，同时不妨碍发芽。或用80％敌敌畏乳剂1000倍液，浸种24小时，其杀虫效果可达100％。

第四，播种前每亩用2.5％敌百虫粉剂1.5～2千克，加细土30千克，混合均匀后撒入播种沟内，然后播种。

21. 粪蚊为害大蒜的症状和防治方法是什么？

（1）症状 粪蚊幼虫黄褐色，无足，靠蠕动入侵蛀食假茎基部和鳞茎，致使大蒜植株枯萎，鳞茎变软、变褐腐烂，瓣肉裸露甚至腐烂。

（2）发生规律 大蒜粪蚊以蛹或老熟幼虫在土壤或被害蒜头中越冬。成虫在蒜株根部土壤表层内产卵，多数堆产，少数散产。初孵幼虫聚集在大蒜的假茎基部，由外向内蛀食，破坏假茎组织，使植株萎蔫死亡。当蒜瓣形成时，幼虫则蛀食蒜瓣外的嫩皮部分，使蒜瓣变软、变褐、腐烂，瓣肉裸露，甚至引起整个蒜头腐烂。幼虫具群居性，在被害蒜株内常有数条乃至数十条聚集在一起。粪蚊生育期适温为15～27℃，适宜的土壤湿度为土壤相对持水量的95％。成虫具趋腐性，幼虫喜欢在潮湿、弱光及腐烂环境中生活。

（3）防治方法 一是精细中耕除草，创造土松草净的环境，抑制虫卵孵化和幼虫活动；二是用50％辛硫磷乳油800倍液灌根杀死幼虫，或者每亩用40％毒死蜱乳油200～250克兑水200千克灌根。

22. 蚜虫为害大蒜的症状和防治方法是什么？

（1）症状 为害大蒜的蚜虫有葱蚜、桃蚜、棉蚜、豆蚜和萝卜蚜。这些蚜虫在被害植株叶片上吸食汁液，致使大蒜叶片卷曲变形，严重者可使叶片干枯而死。

（2）发生规律 蚜虫以卵在蔬菜、棉花或桃树枝上越冬，也可以成虫和若蚜在温室、大棚、菜窖等比较温暖的场所越冬并继续为害，靠有翅蚜迁飞扩散。温暖、干旱的气候有利于蚜虫的发生，春、秋两季为害严重，夏季高温多雨时为害减轻。

（3）防治方法 蚜虫的防治要采取农业防治、化学防治、物理防治与生物防治相结合的综合防治措施。

① 农业防治 基本方法是清洁田园。在秋季蚜虫迁飞前，清除田间地头的杂草、残株、落叶并烧毁，以减小虫口密度。

② 化学防治 及早喷药防治，把蚜虫消灭在点、片发生阶段。用于喷布的农药有：40％乐果乳剂1500～2500倍液，或50％敌敌畏乳剂1500～2000倍液，或50％辛硫磷乳剂2000倍液，或3％啶虫脒乳油3000倍液，或70％艾美乐（吡虫啉）水分散粒剂2000倍液，或10％吡虫啉可湿性粉剂2500倍液。棚内也可挂黄板诱蚜。还可以用1.5％乐果粉剂在清晨有露水时喷撒，每亩用量1.5～2千克。最好用不同药剂轮换喷施，以免蚜虫产生耐药性。

23. 葱斑潜蝇为害大蒜的症状和防治方法是什么？

葱斑潜蝇又名葱潜叶蝇，属双翅目潜叶蝇科，主要为害大葱、大蒜、洋葱、韭菜和豌豆等。

（1）症状 幼虫终生在叶内曲折穿行，潜食叶肉，叶片上可见到迂回曲折的蛇形隧道。叶肉被害，只留上下两层白色透明的表皮，严重时，每张叶片可遭到十几条幼虫潜食，叶片枯萎，影响产量。

（2）发生规律 1年发生3～5代，以蛹在被害叶内和土中越冬。5月上旬为成虫发生盛期。卵散产于叶片组织内，4～5天后孵化。幼虫在叶内潜食，6月份为害严重。老熟幼虫在隧道一端化蛹，以后穿破表皮羽化。潜叶蝇卵、幼虫、蛹都在叶内生活，对大气温度敏感，春秋季节为害严重，炎夏减轻。

（3）防治方法

① 农业防治 清洁田园，前茬收获后清除残枝落叶，深翻、冬灌，消灭虫源。

② 药剂防治　在产卵前消灭成虫。成虫发生盛期喷5％氟虫腈1000～1200倍液，或50％敌百虫800倍液，每5～7天喷1次。幼虫为害时，喷1.8％阿维菌素乳油2500～3000倍液，喷2～3次。

24. 轮紫斑跳虫为害大蒜的症状和防治方法是什么？

（1）症状　大蒜轮紫斑跳虫主要为害蒜苗。一般群集在蒜苗下部1～5片叶上，主要啃食叶正面的叶肉，先将叶尖上的叶肉吃成小孔洞，再向叶基部啃食。为害严重时，每株受害蒜苗上有虫数十只乃至近百只，将叶肉啃食殆尽，只留下叶脉，使叶片成为网状，最后叶脉干枯，致使整株蒜苗枯死，造成缺苗断垄。

轮紫斑跳虫早晚和夜间为害严重，白天较轻。上午9时后至下午3时前在大蒜植株上几乎看不到其为害。

（2）发生规律　轮紫斑跳虫多数群集生活于低洼潮湿的腐殖质多的蒜田土壤内，以成虫及若虫在土壤下越冬，其抗寒性较强。在8℃左右开始活动，20～27℃之间其活动性强烈，当温度低于8℃或高于30℃时，其活动与取食能力均相应减弱。

轮紫斑跳虫虽喜栖于潮湿土壤环境，但土壤水分过多时，也不利于其生存和繁殖。成虫和若虫对气流和震动的反应非常敏捷，弹跳极为迅速。它具有发达的弹器，因而善于跳跃。

（3）防治方法

① 实行轮作，深翻地，消灭越冬的成虫和若虫，减

少虫源。

② 使用经过充分腐熟的有机肥作基肥，适当控制灌水，加强松土保墒，防止土壤表层过分潮湿。

③ 喷洒 80% 敌敌畏乳剂 1000 倍液，或 50% 乐果乳油 1000 倍液。重点喷洒植株下部叶片及植株周围地面，消灭其中的成虫及若虫。

25. **蛴螬为害大蒜的症状和防治方法是什么？**

(1) 症状 蛴螬主要在地下为害，咬断幼苗根茎，切口整齐，造成幼苗枯死，或蛀食块根、块茎，造成孔洞，使作物生长衰弱，影响产量和品质。同时，蛴螬造成的伤口有利于病菌的侵入，诱发其他病害。成虫金龟子主要取食植物地上部的叶片，有的还为害花和果实。

(2) 发生规律 大黑鳃金龟子在我国各地多为两年发生 1 代，以成虫或幼虫越冬。成虫在土下 30～50 厘米处越冬，到 4 月中下旬地温上升到 14℃ 以上时，开始出土活动，5 月中下旬是盛发期，9 月上旬为终见期。10 月中下旬幼虫入土 55～100 厘米深处越冬。翌年春，土壤解冻就开始上移，当地温达 10℃ 以上时，即可上移到耕作层，开始为害蔬菜幼苗。7 月中旬至 9 月中旬老熟幼虫在地下做土室化蛹，20 天左右羽化为成虫。成虫当年不出土，在土室里越冬，翌年 4 月开始出土。

成虫白天潜伏，黄昏开始活动，夜间 8～11 时为取食、交尾活动盛期，午夜后陆续入土潜伏。成虫有假死性和趋光性，对黑光灯趋性尤强。成虫产卵在作物的表土中，常是7～10粒一堆，共产百粒左右，幼虫也有假死性。暗黑鳃金龟子与大黑鳃金龟子的发生规律相似。

（3）防治方法

① 农业防治 秋季或春季深翻地，可将一部分成虫或幼虫翻至地表，使其冻死、风干或被天敌捕食、寄生，以及被机械杀伤，从而增加害虫的死亡率，一般可降低虫量15％～30％。多施腐熟的有机肥料，可改良土壤的结构，改善通透性状，提供微生物活动的良好条件，能促进蔬菜根系健壮发育，从而增强作物的抗虫性。碳酸氢铵、腐植酸铵、氨水等含氨肥料，施用后，能散发出有刺激性的氨气，对害虫有一定的驱避作用。调整茬口，如前茬勿用大豆茬，可减轻蛴螬的危害。

② 药剂防治 在成虫盛发期，可用90％敌百虫乳油800～1000倍液喷雾，或每亩用90％敌百虫粉剂100～150克加少量水后拌细土15～20千克，制成毒土，撒在地面，再结合耙地使毒土与土壤混合，以此杀死成虫。用50％辛硫磷乳油拌种可以消灭幼虫，用药、水、种子的比例为1∶50∶600。先将药兑水，再将药液喷在种子上，并搅拌均匀，然后用塑料薄膜包好，闷种3～4小时，中间翻动1～2次，待种子把药液吸干后，即可播种。用杀成虫的方法制成毒土，在播种时，均匀撒在播种沟内，其上再覆一层薄土，以防对种子发生药害，此法可消灭幼虫。在蛴螬已发生为害且虫量较大时，可利用药液灌根。一般用90％敌百虫500倍液，或50％辛硫磷乳油800倍液，或25％甲萘威可湿性粉剂800倍液，每株灌150～250克，可杀死根际幼虫。

③ 灯光诱杀　在成虫盛发期，每 30000 米^2 面积菜田用 40 瓦黑光灯 1 盏安在距地面 30 厘米处，灯下设盆，盆内放水及少量煤油，晚间开灯，可诱成虫入水淹死。

④ 人工捕杀　翻地时，人工拾虫杀之；植株生长期发现有虫为害，可检查残株附近，捕杀幼虫。对成虫可利用其假死性，在比较集中的作物上进行人工捕杀。

26. 蝼蛄为害大蒜的症状和防治方法是什么？

（1）症状　蝼蛄是多食性害虫，可以为害多种大田作物和蔬菜的种子与幼苗。蝼蛄的成虫和幼虫均可在土中咬食刚播下种子的幼芽，或把幼苗的根茎部咬断，或把根茎部咬成乱麻状，致使幼苗倒伏、凋萎而枯死。蝼蛄除咬食作物外，还在土壤表层穿行，造成纵横的隧道，使幼苗根部与土壤分离而失水枯死。在保护地栽培的温室、大棚、温床和苗圃里，由于温度较高，蝼蛄活动早，小苗又集中，受害更严重，往往造成缺苗断垄，甚至全田毁种。

（2）发生规律　非洲蝼蛄在江西、四川、江苏、陕南、山东等地 1 年发生 1 代，在陕北、山西、辽宁等地 2 年发生 1 代；华北蝼蛄约 3 年发生 1 代。两种蝼蛄均以成虫或若虫在地下越冬，其深度在当地的冻土层以下、地下水位以上。翌年春，随着地温上升而逐渐上移，到 4 月上中旬即进入表土层活动。5 月中旬至 6 月中旬温度适中，作物正处于苗期，此期是蝼蛄为害的高峰期。6 月下旬至 8 月下旬天气炎热，开始转入地下活动，此期正是华北蝼蝼蛄的产卵盛期，而非洲蝼蛄已接近产卵末期。9 月上旬以后，天气凉爽，大批若虫和新羽化的成虫又上移到地面为害，形成第二次为害高峰。10 月中旬以后，随着天气变冷，蝼蛄陆续入土越冬。华北蝼蛄经两年生长发育，至第三年 8 月羽化为成虫，翌年开始活动产卵。

蝼蛄在 1 天的活动是昼伏夜出，以晚上 9～11 时活动最盛；特别是在气温高、湿度较大、闷热无风的夜晚，大量蝼蛄出土活动。在气候凉爽的早春和晚秋，其多在表土层活动，不到地面上来。白天常躲在深土层里。蝼蛄均有趋光性，对香味、酒糟和马粪等有强烈的趋性。蝼蛄喜在低湿的河岸、菜园地活动为害，高燥地不易发生。

（3）防治方法

① 预测预报　在 10000 米^2 的面积内选 2～3 个点，每个点 1 米^2，掘地深 30～70 厘米，仔细寻找幼虫。一般 1 米^2 有 0.3 头幼虫时为轻度发生，有 0.5 头以上时为严重发生。

② 栽培措施　有条件时进行水旱轮作，可淹死害虫。精耕细作，深耕细耙，不施未腐熟的农家肥，营造不适合于害虫生存的环境条件，可减轻其发生的程度。

③ 毒饵诱杀　取 90％敌百虫 0.1 千克、豆饼或玉米面 5 千克、水 5 升，将豆饼粉碎、炒熟，敌百虫溶于水和豆饼拌匀即成毒饵。每亩用毒饵 1.5 千克撒在畦面或播种沟内，也可撒于地面上再耙入地里。在保护地内，可用上述毒饵或用秕谷煮熟拌上敌百虫或乐果乳油，撒在蝼蛄活动的隧道处，诱其取食而将其毒杀。

④ 粪或灯光诱杀　在田间挖 30 厘米见方、深 20 厘米

的坑，内堆湿润马粪并盖草，每天清晨捕杀蝼蛄。有条件时，设置黑光灯诱杀蝼蛄。

⑤ 人工捕捉　早春根据蝼蛄造成的隧道虚土查找虫窝，杀死害虫。夏季可查找卵室消灭虫卵。

⑥ 药剂防治　在蝼蛄为害严重的地块，每亩用5％辛硫磷颗粒剂1～1.5千克均匀撒于地面，而后进行耙地，也可撒于播种沟内。蔬菜受害严重时，可用80％敌敌畏乳油1000倍液灌根。

㉗ 迟眼蕈蚊为害大蒜的症状和防治方法是什么？

（1）症状　迟眼蕈蚊幼虫聚集在大蒜地下部的鳞茎和柔嫩的茎部为害。初孵幼虫先为害大蒜叶鞘基部和鳞茎的上端。春、秋两季主要为害大蒜的幼茎引起腐烂，使蒜叶枯黄而死。夏季幼虫向下活动蛀入鳞茎，重者鳞茎腐烂死亡。

（2）发生规律　全年发生4～6代，以幼虫在大蒜鳞茎内或周围3～4厘米表土层以休眠方式越冬（在温室内则无休眠，可继续繁殖为害）。翌年春3月下旬开始化蛹，持续至5月中旬。4月初至5月中旬羽化为成虫。各代幼虫出现时间为：第一代4月下旬至5月下旬，第二代6月上旬至下旬，第三代7月上旬至10月下旬，第四代（越冬代）10月上旬至来年4月底、5月初。越冬幼虫将要化蛹时逐渐向地表活动，大多在1～2厘米表土中化蛹，少数在根茎里化蛹。成虫喜在阴湿弱光环境下活动，以上午9～11点最为活跃，为交尾盛期，下午4点后至夜间栖息于土缝中，不活动。成虫善飞翔，间歇扩散距离可达百米左右。成虫有多次交尾习性，交尾后1～2天将卵产在蒜株周围土缝内或土块下，大多成堆产，每只雌蚊产卵量为100～300粒。幼虫孵化后便分散，先为害蒜株叶鞘、幼茎及芽，而后把茎咬断蛀入其内，并转向根茎下部为害。土壤湿度是蒜蛆（迟眼蕈蚊的幼虫）孵化和成虫羽化的重要因素，3～4厘米土层的含水量以15%～24%最为适宜，土壤过湿或过干均不利于其孵化和羽化。成虫对未腐熟的粪肥没有趋性，因此施用有机肥的腐熟程度与此虫的发生无关。一般黏土比沙壤土发生量小，土壤板结的地块成虫羽化率明显降低。

（3）防治方法

① 农业防治　冬灌或春灌可消灭部分幼虫，如加入适量农药，效果更佳。

② 化学防治　于成虫羽化盛期（4月中下旬、6月上中旬、7月中下旬及10月中旬），喷洒10%菊马乳油3000倍液，或2.5%溴氰菊酯或20%氰戊菊酯3000倍液，或75%辛硫磷乳油1000倍液，均可杀灭成虫。以上午9～10点用药效果最佳。于幼虫为害始盛期（5月上旬、7月中下旬、10月中下旬），发现叶尖开始发黄变软并逐渐向地面倒伏，即应灌药防治，可采用75%辛硫磷乳油500倍液。

28. **大蒜栽培中病虫害综合防治关键技术有哪些？**

（1）大蒜病虫害综合防治日历　见表5-1。

表 5-1　大蒜病虫害的综合防治日历

生育期	日期	主要防治对象	防治措施
播种至幼苗期	10 月上旬至 11 月下旬	地下害虫、病毒病、锈病	土壤处理、药剂拌种
越冬期	12 月至次年 2 月	各种越冬虫卵及病菌	喷施杀菌剂、杀虫剂
返青至抽薹期	3 月上旬至 4 月下旬	病毒病、锈病、叶枯病、灰霉病、菌核病、紫斑病、干腐病、种蝇(根蛆)、葱蓟马、潜叶蝇	喷施杀菌剂、杀虫剂
成熟期	5 月中下旬	锈病、菌核病、炭疽病、蚜虫	喷施杀菌剂、杀虫剂

（2）大蒜播种期病虫害防治技术　播种期是防治病虫害的关键时期。这一时期防治的主要虫害有蛴螬、蝼蛄、金针虫、种蝇等地下害虫，药剂拌种可以减少地下害虫及其他苗期害虫的为害。病毒病主要是靠种子或土壤带菌进行传播的，而且从幼苗期就开始侵染，所以对于这些病害，进行种子处理是最有效的防治措施。还可以通过施用激素和微肥，培育壮苗，增强植株的抗病力。

（3）拌种　可以用 50％辛硫磷乳油 0.5 千克加水 20～25 千克，拌种 250～300 千克，或用 40％甲基异柳磷乳油 0.5 千克加水 15～20 千克，拌种 200 千克，防治蝼蛄、蛴螬、金针虫、种蝇等地下害虫。

蒜种用 50％甲基硫菌灵可湿性粉剂或 50％多菌灵可湿性粉剂处理后再播种，可有效地切断锈病的初侵染途径。其具体方法是将 0.5 千克药剂兑水 3～5 千克，与 50 千克蒜种拌匀，晾干后播种。

（4）蒜越冬期病虫害防治技术　这个时期的病虫害相

对较轻，但在有些年份因气温相对偏高，病毒病、锈病也有发生，可根据具体情况防治。

（5）大蒜返青至抽薹期病虫害防治技术 大蒜返青至抽薹期是病虫为害最为严重的时期，要经常调查，及时防治病虫害。

① 叶枯病、灰霉病 在发病初期用 75％百菌清可湿性粉剂 600 倍液，或用 40％多菌灵胶悬剂 2.25 千克/公顷加磷酸二氢钾 2.25 千克/公顷，对蒜苗均匀喷雾 2～3 次，每隔 7 天左右喷 1 次。

② 干腐病 用 70％甲基硫菌灵 1000 倍液，或 10％世高粉剂 1500 倍液喷雾。

③ 紫斑病、菌核病 在发病初期用 50％多菌灵粉剂 500 倍液喷雾。

④ 病毒病 首先是治虫防病，一般用 40％乐果乳剂 1500～2500 倍液喷雾；其次是在发病初期喷 20％病毒 A 可湿性粉剂 500～1000 倍液，或 1.5％植病灵乳油 1000 倍液。

⑤ 根蛆 用 48％乐斯本乳油 1000～1500 倍液喷于大蒜基部，连续喷 2～3 次，每次间隔 15～20 天，或用糖醋液（诱剂配方为 1 份糖、1 份醋、2.5 份水加少量敌百虫拌匀）诱杀。

⑥ 葱蓟马、蚜虫 防治葱蓟马于始盛期的傍晚前和阴天用药，防治蚜虫要及早喷药防治。防治葱蓟马、蚜虫可选用 10％吡虫啉可湿性粉剂 2500 倍液，或 9.5％蚜螨净 3 号可湿性粉剂 2000 倍液，或 25％爱卡士乳油 1500 倍液喷雾，做到喷药均匀。用药安全间隔期为 10～15 天

以上。

（6）大蒜鳞芽膨大至成熟期病虫害防治技术 5 月中旬以后，大蒜进入成熟期，此时是大蒜丰产丰收的关键时期。该期应加强预测预报，及时防治锈病、叶枯病等病害，在防治策略上以治疗为主，具有针对性，确保丰收。

29. 大蒜栽培中有哪些常见草害？如何进行防治？

大蒜田杂草具有发生早、种类多、周期长等特点。种植大蒜时茬口不同，杂草种类也有很大的不同。蒜田杂草有两个发生高峰期：一是从播种到苗期（冬前）；二是从开春到抽薹期。杂草的危害主要表现在两个方面：一是造成大蒜减产；二是使其品质下降，效益降低。杂草和大蒜争夺光、水和养分，使大蒜因缺乏养分而出现蒜瓣小而散的情况，效益降低。因此，及早做好蒜田杂草的防治工作非常重要。

（1）农业措施除草

① 深耕 深耕不仅能对浅表层的 1 年生或多年生杂草种子进行有效的压制，降低杂草生长的密度，而且对保墒、增温、土壤透气性及大蒜根系的发展均有极大的好处。

② 轮作 南方水田的水稻与大蒜轮作，旱地的红薯与大蒜轮作；北方春播地区实行的土豆、黄瓜、西葫芦或白菜与大蒜轮作，均有利于减少蒜地杂草。

③ 人工除草 大蒜生育期通过锄地去除行间及株间杂草，株距较小时还需要辅以人工拔草。

（2）化学除草剂　目前使用化学除草剂是防除大蒜田间杂草的有效途径。理想的蒜田化学除草剂应具备的条件是：低毒，无残留，安全，成本较低；能兼除阔叶草、禾草和莎草；播种后发芽前至全生育期，只要避开大蒜 1 叶至 2 叶期，均可使用；对与大蒜间作套种的作物，如玉米、棉花等无毒害作用。

我国从 20 世纪 80 年代初至今，对蒜地除草剂的研制和推广应用进行了一系列的研究。据报道，目前比较理想的蒜田除草剂有旱草灵、蒜草醚、恶草灵及果尔等。

① 旱草灵　40％旱草灵乳油可用作土壤处理或出苗后喷施。露地栽培大蒜从播种后出苗前及 1～2 叶期以后的生长期间，都可以施用。最佳施用期为大蒜开始零星出苗时，每亩用旱草灵 90～100 毫升，兑水 40～43 升。施用期早时用低药量；2 叶期以后喷施的，由于杂草量较大，用高药量。喷药应选在晴天进行，高温干旱时应在傍晚喷，以免阳光暴晒使除草剂挥发损失。

已出苗的杂草，一般喷旱草灵后 2～3 天便被杀死，如果在 4～5 天之内有的杂草还未被杀死，说明旱草灵对它无效。对发芽前的杂草，旱草灵的药效期较长，当土壤湿度适宜时，可达 140 天以上，如果土壤干旱，药效期仅有 60～90 天。

施用旱草灵 1 天以后，如遇小到中雨，不需要重新喷药；如果喷药后在 1 天以内遇大暴雨，叶面的药液会被冲刷掉，应在雨停后补喷，药液浓度为原来浓度的一半。

地膜覆盖栽培的大蒜，在播完大蒜后灌水，待水渗完后喷旱草灵，每亩用旱草灵 55～75 毫升，兑水 40～50

升。喷药后 2～3 小时盖膜。施药后如遇大雨，应立即排水，防止积水流入膜内，以防天晴后温度突然升高药液会伤害大蒜。

②蒜草醚　蒜草醚乳油可用作土壤处理或出苗后喷施。露地栽培大蒜，蒜草醚可用于土壤处理或 1～2 叶期以后处理。按有效成分计算，每亩用蒜草醚 12～16 克（土壤处理用高限，出苗后处理用低限），兑水 30 升。如在间套作田中喷药，应按大蒜实际面积计算用药量。

喷蒜草醚 4 小时以后如降小到中雨，一般不会降低药效。如在喷药后 4 小时之内降大到暴雨，土壤表层的蒜草醚可能被冲掉，使药效降低，需在雨停后补喷，药液浓度为原来浓度的一半。

地膜覆盖栽培的大蒜，播种后先灌水，待水渗完后喷施蒜草醚溶液。每亩用蒜草醚 8.6 克，兑水 40 升，喷药后 2～3 小时盖膜。

③恶草灵　25%恶草灵乳油可用作土壤处理或出苗后喷施。露地栽培大蒜在播种后出苗前及 2 叶期以后的生育期均可施用。最好在播种后 15～22 天喷药；此时有一部分杂草已出苗，但苗小，易被杀死，同时可消灭土壤中已发芽尚未出苗的杂草。一般每亩用恶草灵 110～120 毫升，兑水 40～60 升。实际用药量及兑水量应根据土质及土壤湿度决定，黏土、土壤湿度大时少用些，沙土、土壤湿度小时多用些。

地膜覆盖栽培的大蒜，每亩用恶草灵 80～100 毫升，兑水 40～60 升。施用方法同旱草灵。

④果尔　据研究报道，以二水早大蒜为试验材料，

在大蒜播种后、发芽前或 2 叶 1 心期至 3 叶 1 心期，每亩用 24％果尔 50～60 毫升，加水 50～60 升稀释后喷施，对蒜地杂草的防效达 90％以上，而且对大蒜安全；地膜覆盖蒜田每亩用 36～40 毫升。

蒜地使用化学除草剂应注意的事项：

第一，蒜地的杂草种类很多，有单子叶杂草、双子叶杂草、1 年生杂草和多年生杂草，所以应当选择能兼除几类杂草的除草剂。如果长期使用某一种除草剂，则会使蒜地杂草的种类和群落（或称种群）发生变化，从而增加除草的难度。20 世纪 80 年代初，我国多用 48％氟乐灵、50％大惠利及 33％除草通等除草剂，这些除草剂对单子叶杂草的防除效果很好，但对双子叶杂草的防除效果较差，长期使用这些除草剂后，蒜地中单子叶杂草减少，但双子叶杂草增加。以上介绍的 4 种除草剂虽然是目前推广的、能兼除单子叶和双子叶杂草的除草剂，但它们对具体的杂草种类的防除效果不完全相同。例如，恶草灵对防除石竹科杂草效果不大，在以石竹科杂草为主的蒜地，必须施用旱草灵或蒜草醚。因此，除草剂以轮换施用或混合施用较好。

第二，目前蒜地禁用的除草剂有：绿黄隆、甲黄隆、百草敌、苯达松、嗪黄隆、巨星、拉索、2,4-D、乙草胺和西玛津。据研究，这些除草剂对人、畜健康有害。

第三，除草剂的保存年限和保存方法会影响防除效果。上述几种除草剂在室温下可以保存 2～3 年。原装乳油一般 3～4 年不会失效；粉剂或分装过的乳油最好在 2 年内用完。蒜草醚、恶草灵、旱草灵和果尔均需装在棕色玻璃瓶中保存，不宜存放在透明玻璃容器或塑料容器中。每次用过后要盖紧瓶盖并包扎塑料薄膜，防止药液挥发。

30. 大蒜安全生产禁止使用哪些农药？

国家关于绿色食品、无公害蔬菜生产禁用的农药品种见表 5-2、表 5-3。

表 5-2　大蒜 A 级绿色食品生产中禁用的农药

种类	农药名称	禁用作物	禁用原因
有机氯杀虫剂	滴滴涕、六六六、林丹、甲氧滴滴涕、硫丹	所有作物	高残毒
有机氯杀螨剂	三氯杀螨醇	蔬菜、果树、茶叶	工业品中含有一定数量的滴滴涕
有机磷杀虫剂	甲拌磷、乙拌磷、久效磷、对硫磷、甲基对硫磷、甲胺磷、甲基异柳磷、治螟磷、氧乐果、磷胺、地虫硫磷、灭克磷（益收宝）、水胺硫磷、氯唑磷、硫线磷、杀扑磷、特丁硫磷、克线丹、苯线磷、甲基硫环磷	所有作物	剧毒、高毒
氨基甲酸酯杀虫剂	涕灭威、克百威、灭多威、丁硫克百威、丙硫克百威	所有作物	高毒、剧毒或代谢物高毒
二甲基甲脒类杀虫杀螨剂	杀虫脒	所有作物	慢性毒性致癌
拟除虫菊酯类杀虫剂	所有拟除虫菊酯类杀虫剂	水稻及其他水生作物	对水生生物毒性大
卤代烷类熏蒸杀虫剂	二溴乙烷、环氧乙烷、二溴氯丙烷、溴甲烷	所有作物	致癌、致畸、高毒
阿维菌素		蔬菜、果树	高毒
克螨特		蔬菜、果树	慢性毒性

续表

种类	农药名称	禁用作物	禁用原因
有机砷杀菌剂	甲基胂酸锌(稻脚青)、甲基胂酸钙(稻宁)、甲基胂酸铵(田安)、福美甲胂、福美胂	所有作物	高残毒
有机锡杀菌剂	三苯基醋酸锡(薯瘟锡)、三苯基氯化锡、三苯基羟基锡(毒菌锡)	所有作物	高残留、慢性毒性
有机汞杀菌剂	氯化乙基汞(西力生)、醋酸苯汞(赛力散)	所有作物	剧毒、高残毒
有机磷杀菌剂	稻瘟净、异稻瘟净	水稻	异臭
取代苯类杀菌剂	五氯硝基苯、稻瘟醇(五氯苯甲醇)	所有作物	致癌、高残留
2,4-D类化合物	除草剂或植物生长调节剂	所有作物	杂质致癌
二苯醚类除草剂	除草醚、草枯醚	所有作物	慢性毒性
植物生长调节剂	有机合成的植物生长调节剂	所有作物	
除草剂	各类除草剂	蔬菜生长期(可用于土壤处理与芽前处理)	

表5-3　大蒜无公害生产严禁使用的农药

农药种类	农药名称	禁用范围	禁用原因
无机砷杀虫剂	砷酸钙、砷酸铅	所有蔬菜	高毒
有机砷杀菌剂	甲基胂酸锌(稻脚青)、甲基胂酸铵(田安)、福美甲胂、福美胂	所有蔬菜	高残留
有机锡杀菌剂	薯瘟锡(毒菌锡)、三苯基醋酸锡、三苯基氯化锡、氯化锡	所有蔬菜	高残留、慢性毒性
有机汞杀菌剂	氯化乙基汞(西力生)、醋酸苯汞(赛力散)	所有蔬菜	剧毒、高残留
有机杂环类除草剂	敌枯双	所有蔬菜	致畸

农药种类	农药名称	禁用范围	禁用原因
氟制剂	氟化钙、氟化钠、氟化酸钠、氟乙酰胺、氟铝酸钠	所有蔬菜	剧毒、高毒，易产生药害
有机氯杀虫剂	DDT、六六六、林丹、艾氏剂、狄氏剂、五氯酚钠、硫丹	所有蔬菜	高残留
有机氯杀螨剂	三氯杀螨醇	所有蔬菜	工业品含有一定数量的DDT卤代烷类
熏蒸杀虫剂	二溴乙烷、二溴氯丙烷、溴甲烷	所有蔬菜	致癌、致畸
有机磷杀虫剂	甲拌磷、乙拌磷、久效磷、对硫磷、甲基对硫磷、甲胺磷、氧乐果、治螟磷、杀扑磷、水胺硫磷、磷胺、内吸磷、甲基异柳磷	所有蔬菜	高毒、高残留
氨基甲酸酯杀虫剂	克百威(呋喃丹)、丁硫克百威、丙硫克百威、涕灭威	所有蔬菜	高毒
二甲基甲脒类杀虫杀螨剂	杀虫脒	所有蔬菜	慢性毒性、致癌
拟除虫菊酯类杀虫剂	所有拟除虫菊酯类杀虫剂	水生蔬菜	对鱼虾等高毒性
取代苯杀虫杀菌剂	五氯硝基苯、五氯苯甲醇(稻瘟醇)、苯菌灵(苯莱特)	所有蔬菜	国外有致癌报道或二次药害
二苯醚类除草剂	除草醚、草枯醚	所有蔬菜	慢性毒性

㉛. 大蒜安全生产允许使用哪些农药？其用量及安全间隔期有哪些要求？

(1) 大蒜无公害生产允许使用的农药种类

① 防治真菌病害的药剂 50％多菌灵可湿性粉剂500倍液，75％百菌清可湿性粉剂600倍液，70％代森锰锌可

湿性粉剂 500 倍液，50％抑菌脲可湿性粉剂 1000 倍液，25％甲霜灵可湿性粉剂 600 倍液，20％三唑酮可湿性粉剂 1500 倍液，70％甲基硫菌灵可湿性粉剂 500 倍液，56％靠山（氧化亚铜）水分散微颗粒剂 800 倍液，77％氢氧化铜可湿性粉剂 1000 倍液，65％硫菌霉威可湿性粉剂 1000～1500 倍液，64％噁霜·锰锌可湿性粉剂 500 倍液，72％霜脲氰·代森锰锌可湿性粉剂 600～750 倍液。

② 防治细菌病害的药剂　77％氢氧化铜可湿性粉剂 1000 倍液，40％春雷氧氯铜可湿性粉剂 600～1000 倍液，50％琥胶肥酸铜 500 倍液，农用链霉素 4000 倍液，新植霉素 4000～5000 倍液。

③ 防治病毒病的药剂　20％盐酸吗啉胍·乙酸铜 500 倍液，83 增抗剂 100 倍液，菇类蛋白多糖水剂 300 倍液，5％菌毒清 300 倍液加 1.5％植病灵 500 倍液，磷酸三钠 500 倍液。

④ 杀虫剂　90％敌百虫晶体 1000～2000 倍液，50％辛硫磷乳油 1000 倍液，20％灭幼脲 1 号或 25％灭幼脲 3 号悬浮剂 500～1000 倍液，5％定虫隆乳油 4000 倍液，5％农梦特（伏虫隆）乳油 4000 倍液，80％敌敌畏乳油 1200～1500 倍液，21％灭杀毙 3000～4000 倍液，2.5％溴氰菊酯乳油 3000 倍液，40％毒死蜱 750～1050 倍液，25％喹硫磷（爱卡士）乳油 1000 倍液，10％联苯菊酯乳油 1000 倍液，40％乐果乳油 2000 倍液，50％马拉硫磷乳油 1000 倍液，10％吡虫啉可湿性粉剂 2500 倍液，25％氟氯氰菊酯乳油 2000 倍液，50％抗蚜威可湿性粉剂 2000 倍液。

（2）大蒜有机蔬菜生产可以使用的植物保护产品 有机蔬菜生产中允许使用的植物保护产品可分为四大类：动植物源植物保护产品、矿物源植物保护产品、微生物源植物保护产品和其他源植物保护产品（见表 5-4）。

表 5-4 大蒜有机蔬菜生产中允许使用的植物保护产品

类别	名称和组分	使用条件
Ⅰ. 植物和动物来源	楝素（苦楝、印楝等提取物）	杀虫剂
	天然除虫菊素（除虫菊科植物提取液）	杀虫剂
	苦参碱及氧化苦参碱（苦参等提取物）	杀虫剂
	鱼藤酮类（如毛鱼藤）	杀虫剂
	茶皂素（茶籽等提取物）	杀虫剂
	皂角素（皂角等提取物）	杀虫剂、杀菌剂
	蛇床子素（蛇床子提取物）	杀虫剂、杀菌剂
	小檗碱（黄连、黄柏等提取物）	杀菌剂
	大黄素甲醚（大黄、虎杖等提取物）	杀菌剂
	植物油（如薄荷油、松树油、香菜油）	杀虫剂、杀螨剂、杀真菌剂、发芽抑制剂
	寡聚糖（甲壳素）	杀菌剂、植物生长调节剂
	天然诱集和杀线虫剂（如万寿菊、孔雀草、芥子油）	杀线虫剂
	天然酸（如食醋、木醋和竹醋等）	杀菌剂
	菇类蛋白多糖	杀菌剂
	水解蛋白	引诱剂，只在批准使用的条件下，并与本附录的适当产品结合使用
	牛奶	杀菌剂
	蜂蜡	用于嫁接和修剪
	蜂胶	杀菌剂
	明胶	杀虫剂

续表

类别	名称和组分	使用条件
Ⅰ.植物和动物来源	卵磷脂	杀真菌剂
	具有驱避作用的植物提取物（大蒜、薄荷、辣椒、花椒、薰衣草、柴胡、艾草的提取物）	驱避剂
	昆虫天敌（如赤眼蜂、瓢虫、草蛉等）	控制虫害
Ⅱ.矿物来源	铜盐（如硫酸铜、氢氧化铜、氯氧化铜、辛酸铜等）	杀真菌剂，每12个月铜的最大使用量每公顷不超过6千克
	石硫合剂	杀真菌剂、杀虫剂、杀螨剂
	波尔多液	杀真菌剂，每12个月铜的最大使用量每公顷不超过6千克
	氢氧化钙（石灰水）	杀真菌剂、杀虫剂
	硫黄	杀真菌剂、杀螨剂、驱避剂
	高锰酸钾	杀真菌剂、杀细菌剂，仅用于果树和葡萄
	碳酸氢钾	杀真菌剂
	石蜡油	杀虫剂、杀螨剂
	轻矿物油	杀虫剂、杀真菌剂；仅用于果树、葡萄和热带作物（如香蕉）
	氯化钙	用于治疗缺钙症
	硅藻土	杀虫剂
	黏土（如：斑脱土、珍珠岩、蛭石、沸石等）	杀虫剂
	硅酸盐（如硅酸钠、硅酸钾等）	驱避剂
	石英砂	杀真菌剂、杀螨剂、驱避剂
	磷酸铁（3价铁离子）	杀软体动物剂
Ⅲ.微生物来源	真菌及真菌制剂（如白僵菌、绿僵菌、轮枝菌、木霉菌等）	杀虫剂、杀菌剂、除草剂
	细菌及细菌制剂（如苏云金芽孢杆菌、枯草芽孢杆菌、蜡质芽孢杆菌、地衣芽孢杆菌、荧光假单胞杆菌等）	杀虫剂、杀菌剂、除草剂
	病毒及病毒制剂（如核型多角体病毒、颗粒体病毒等）	杀虫剂

类别	名称和组分	使用条件
Ⅳ.其他来源	二氧化碳	杀虫剂,用于贮存设备
	乙醇	杀菌剂
	海盐和盐水	杀菌剂,仅用于种子处理,尤其稻谷种子
	明矾	杀菌剂
	软皂(钾肥皂)	杀虫剂
	乙烯	—
	昆虫性外激素	仅用于诱捕器和散发皿内
	磷酸氢二铵	引诱剂,仅限于诱捕器中使用
	物理措施(如色彩/气味诱捕器、机械诱捕器等)	—
	覆盖物(如秸秆、杂草、地膜、防虫网等)	

注:摘自 GB/T 19630—2019。

(3) 安全间隔期　安全间隔期一般指最后一次施药与产品采收时间的间隔天数。一般情况下,在大蒜采收前 15 天左右不得施用任何农药。但不同农药的安全间隔期不同,同一种农药在不同的施药方式下,其安全间隔期也有所不同。因此,在使用时要严格遵守 GB/T 8321 (所有文件) 上的规定,坚决杜绝不符合安全间隔期要求的大蒜提前上市。例如,用 50% 辛硫磷乳油 2000 倍液或 25% 喹硫磷乳油 2500 倍液对大蒜进行浇灌时,安全间隔期不少于 17 天;用 40% 乐果乳油 2000 倍液,或 90% 敌百虫晶体 1000~2000 倍液喷雾时,安全间隔期一般为 7 天;用 80% 代森锌可湿性粉剂 500 倍液喷雾,间隔期为 10 天左右;用 77% 氢氧化铜可湿性粉剂 1000 倍液或 56% 靠山 (氧化亚铜) 水分散微颗粒剂 800 倍液喷雾,安全间隔期一般为 3 天。

 大蒜安全生产如何科学使用化学农药？

（1）搞好病虫害综合防治，减少用药次数

① 农业防治

a. 轮作，以恶化病虫的营养条件。

b. 深翻土壤或晒土冻垡，以恶化病虫的生存环境，如深翻后，可将地表的病虫深埋土中密闭致死，也可将土中的病虫翻至地面被强烈的太阳光晒死或冻死。

c. 除草和清洁田园，以降低病虫基数。

d. 合理施肥和排灌。经过沤制的腐熟肥料，病原菌和虫卵大幅减少。土壤过干或过湿都不利于大蒜植株生长而有利于病虫害的发生。因此，要合理排灌。

e. 调整茬口，进行避虫栽培。

f. 选用抗病品种。

② 生物防治

a. 生物农药，如苏云金杆菌、有益微生物增产菌等。每亩用苏云金杆菌生物杀虫剂 150～200 毫升喷洒，7 天喷 1 次，能有效地杀死种蝇的 1～2 龄期幼虫；每亩用抗生素抗霉菌素 120 毫升和 BO-10 500 毫升喷雾，用浏阳霉素或阿维菌素 2500～3000 倍液喷洒，可防治红蜘蛛、螨虫、斑潜叶蝇；用农用链霉素或新植霉素 4000～5000 倍液，可以防治大蒜细菌性病害；用定虫隆可以防治鳞翅目的害虫等。

b. 天敌治虫。利用丽蚜小蜂可防治白粉虱，利用七星瓢虫、草蛉可防治蚜虫、螨类。

c. 植物治虫。利用洋葱、丝瓜叶、番茄叶的浸出液制成农药，可防治蚜虫、红蜘蛛。利用苦参、臭椿、大葱叶浸出液，可防治蚜虫。

③ 物理防治

a. 人工捕杀　利用害虫的趋光性，可采用黑光灯诱杀；也可用银灰色薄膜避蚜和用防虫网栽培等。

b. 高新技术防治　如利用脱毒技术可有效地减少病毒病的发生，从而提高产量。

(2) 科学合理地使用农药，使农药污染降到最低限度　农药使用技术是大蒜安全生产的关键，在大蒜生产过程中应遵循"严格、准确、适量"的用药原则，提倡使用生物农药。

① 严格用药　一是要严格控制农药品种。农药品种繁多，在大蒜生产上选择农药品种时，优先使用生物农药和低毒、低残留的化学农药，严禁在大蒜上使用禁用的高残留农药。二是严格执行农药安全间隔期。在农药安全间隔期内不允许收获上市。每种农药均有各自的安全间隔期，一般允许使用的生物农药为 3～5 天，菊酯类农药为 5～7 天，有机磷类农药为 7～10 天；杀菌剂中的百菌清、多菌灵等要求 14 天以上，其余大多为 7～10 天。

② 准确用药　是指讲究防治策略，适期防治，对症下药。一是要根据病虫害发生规律，准确选择施药时间，即找准最佳的防治适期；二是根据病虫田间分布状况和栽培方式，准确选择用药方式，能进行冲治的不搞喷雾，能局部防治的不全面用药。

　　③ 适量用药　必须从实际出发，确定有效的农药使用浓度和剂量。一般杀虫剂效果达到85％以上，杀菌剂防病效果达到70％以上的，即称为高效，切不可盲目追求防效百分之百而随意加大农药浓度和剂量。

第六章

大蒜贮藏保鲜

1. 蒜薹有什么贮藏特性？

蒜薹是大蒜的幼嫩花茎，采收以后新陈代谢十分旺盛，薹条表面缺少保护组织，采收时又正值高温季节，所以容易脱水老化和腐烂。老化的蒜薹变黄变空，纤维增多，薹苞膨大开裂，生出气生鳞茎，失去食用价值。蒜薹在 0℃ 低温下能长期贮藏，但在常温下只能储存 20～30 天。目前采用气调贮藏方法可将蒜薹贮藏 7～10 个月。

2. 蒜薹适宜的贮藏条件有哪些？

温度：(-0.7 ± 0.3)℃。

相对湿度：85％～95％。

气体成分：硅窗袋 2％～3％ O_2，5％～8％ CO_2；定

期放风袋 0.8%～1.0% O_2，12%～14% CO_2。

贮藏期：10 个月以上。

3. 蒜薹常规贮藏方法有哪些？

(1) 冰窖贮藏　冰窖贮藏是蒜薹最古老的贮藏方式。冰窖贮藏的蒜薹新鲜度好，腐烂率低于 20%。较寒冷的北方地区，如吉林、北京、开原、沈阳等地，仍有用此法贮藏蒜薹的。这种方法比较简单、经济有效。其主要技术如下：

① 窖址选择　选地势高燥、土质坚实和管理方便的地点挖窖。地下水位距窖底不得少于 1 米。土质疏松的地点需砌砖墙。上冻前建窖。

② 冰窖结构　窖的形式因地下水位的不同分为全地下式和半地下式两种。地下水位稍高的地点可建半地下式冰窖，但露出地面的墙体外面必须培 1 米厚的土层以隔热保温。地下水位低的地点可建全地下式冰窖。窖坑长方形，深约 3 米，长和宽根据贮藏蒜薹的数量决定。

为防止冰窖漏雨和阳光直射，窖的顶部需建造"人"字形棚顶，上面铺保温材料（如秫秸把和稻草），再盖上塑料布。

③ 贮藏前的准备　严冬时节在河中采集大冰块，用刨刀修整成长、宽、高各 50～60 厘米形状整齐的冰块。在窖底和四周各铺两层冰块，砌成冰墙，上面再撒上 20 厘米厚的碎冰，拍平，压实，边撒碎冰边用喷壶洒水，使其结成一层冰盖。冰盖上面再覆盖 40 厘米厚的谷壳或高

粱壳等隔热材料。

入窖前，将有病斑、虫伤的残次蒜薹全部剔除。用掺有冰块的冷水将蒲包浸泡降温，每个蒲包装 10～15 千克蒜薹，再放在冰块上预冷 4～5 小时，然后入窖。

④ 入窖　将经过预冷的蒜薹包斜摆在冰上，尽量摆紧，少留空隙，然后用碎冰块填满空隙，上面再铺一层大冰块，依次可摆 3～4 层。在最上层冰块上撒 20 厘米厚的碎冰，拍实，拍平。碎冰上再盖 20 厘米厚的高粱壳、谷壳等隔热材料，以后随外温的降低加厚至 40～50 厘米。

⑤ 入窖后的管理　蒜薹入窖后，每隔 6～7 天要进窖检查 1 次，如发现冰块间有空隙，要扒开隔热材料用碎冰填好。同时，要经常检查冰窖外面的排水井，如果排水井的渗水口经常滴水，表示窖内冰块没有融化，滴水系土壤中水分渗出造成的；如果渗水口有大量水流出，表示窖内冰块已融化，应将蒜薹及时取出上市或倒窖。

小冰窖如果管理得当，窖内温度可保持在 0℃，空气相对湿度接近 100%，符合蒜薹保鲜的环境条件。

(2) 一般冷藏　一般冷藏是指在冷藏库中利用机械制冷系统控制所需低温的贮藏方式。

采收后的蒜薹要仔细挑选，淘汰有病斑、虫伤、划伤、霉烂及总苞膨大变白的蒜薹。每 0.5～1.0 千克扎成一把，在冷库中预冷后装在筐里，每筐约装 15 千克。筐子码成垛，筐与筐之间、垛与垛之间都要留有空隙，以利于通风。冷藏库中的温度保持在 (0±0.5)℃，空气相对湿度保持在 90% 以上。

这种贮藏方式比较简单易行，但贮藏期较短，一般为 3 个月左右。

 4. **蒜薹气调贮藏如何进行管理？**

（1）塑料薄膜聚氯乙烯塑料袋的气调冷藏　当蒜薹温度稳定在 0℃时，将蒜薹薹梢向外码放在 0.06～0.08 毫米厚、1000～1100 毫米长、700～800 毫米宽的聚氯乙烯塑料袋内，每袋存放蒜薹 18～20 千克，然后扎紧袋口，置于菜架上或包装容器内。为了便于定期开袋通风管理，要选择一些袋子，每天测定袋内的氧气和二氧化碳浓度，当袋内的氧气浓度降低到 1%～2%、二氧化碳浓度升到 12%时，要开袋通气，使袋内氧气浓度上升到 18%以上，二氧化碳浓度降至 1%～2%，然后重新封袋。在 0℃冷库下小包装贮藏的蒜薹，放风周期为 10～15 天（产地不同的蒜薹可能有些差别），到贮藏中后期放风周期逐渐缩短到 7～10 天。

（2）塑料薄膜硅窗袋的气调冷藏　将薹温为 0℃的蒜薹梢向外装在厚、长、宽均与上述相同的塑料薄膜袋中（该种塑料袋带有 90～130 毫米硅窗），然后置于菜架或包装容器中。由于硅窗袋内对氧气和二氧化碳具有一定的通透性，基本上能满足蒜薹对气体成分的要求，因此在贮藏过程中不需要进行通风换气的操作。

（3）塑料薄膜帐中的气调冷藏　用薄膜帐进行气调贮藏时，先要在地面上铺 0.23 毫米厚的聚氯乙烯薄膜，长、宽要与垛或货架的长、宽相吻合，以便密封大帐。要将加工整理好的蒜薹装入塑料箱中，每箱 20 千克。需在冷库中码成垛，垛宽 2 箱，长 10 箱，高 9 箱，顶层码放的蒜薹箱应距冷风口 1 厘米以下，然后用 0.23 毫米厚的聚氯乙烯薄膜做成长方形大帐，罩在箱垛的外面。扣帐时每个垛顶放 3 个空箱，以防止凝结水下滴。在 400 米^2 的冷库中，通常是 10 垛为 1 排，每库 3 排，共 5400 箱。也可用贮藏货架放置蒜薹，将捆成小捆的蒜薹薹苞向外均匀地码放在架上预冷，每层码放的厚度为 30～35 厘米，在蒜薹温度下降到 0℃时，即可罩帐密封（应注意罩帐时蒜薹不能与塑料薄膜接触）。塑料帐扣好后，将其边沿与铺在地面的塑料薄膜一起卷起来，用砖块或其他物品压紧，造成密封环境。塑料帐的两侧要留充气和抽气的袖口和取气嘴。封帐后，最好是利用分子筛制氮机调节气体成分，向袋内输入氮气，以快速降氧，人为使帐内氧气含量迅速降低至蒜薹所适宜的指标范围。或者通过自然降氧，即利用蒜薹本身的呼吸作用，逐渐将帐内氧气消耗到蒜薹贮藏所适宜的范围。降低帐内二氧化碳的浓度可以通过放消石灰的方法，将多余的二氧化碳吸收。帐内的氧气过低时可加入新鲜空气，将气体含量调节到所需指标。

以上气调储藏的塑料袋或塑料帐内湿度很高，容易引起微生物的繁殖，可加入 0.5 毫升/升的仲丁胺，防止产生白霉或黑霉。

(4) 硅窗袋封法 可用硅窗保鲜袋、硅窗保鲜帐、活动硅窗大帐等多种方法实现自由调节袋内气体成分达到理想水平，库温在 −0.5～0.5℃，氧气浓度在 2%～5%，二氧化碳浓度在 3%～8%，蒜薹贮藏期为 8 个月。

5. **蒜薹入库前如何进行库体降温和挑选？**

　　在蒜薹入库前 7 天，要对空库进行缓慢降温，以确保蒜薹入库后能迅速降低到贮藏适宜温度。一般情况下，蒜薹入库前两天将库温降到 0℃左右。蒜苗在采集运输过程中，受到堆放和温度的影响，会加快老化，因此蒜薹采收后应立即堆放在预冷间、冷库内或阴凉通风的地方，除去田间热和呼吸热，待蒜薹降温至 0℃后，再进行贮藏前的整理加工。加工一般在冷库的穿堂中进行，首先挑出有病和有损伤的薹条，然后将健康薹条的薹苞对齐（需将过长的薹梢剪去，保留 4～6 厘米长的薹梢），用塑料绳在距薹苞 3～5 厘米处的薹茎部位捆扎，每捆 0.5～1.0 千克。

6. **蒜薹贮藏库房如何进行消毒？**

　　蒜薹入库前要将冷库和所有容器进行消毒，消毒方法：一是漂白粉消毒，将 30％的漂白粉配成 10％的溶液，用澄清后的漂白粉水按每立方米 40～50 毫升的用量对库内进行喷雾消毒；二是用高锰酸钾和甲醛混合消毒，按每 1000 米^{3}用 5 千克高锰酸钾和 10 千克甲醛的比例混合放入库中，待气体产生时即将库内密闭熏蒸 24～48 小时；三是选用过氧乙酸消毒，将 20％的过氧乙酸按每立方米仓库体积用 5～10 毫升的比例，放在容器内的电炉上加热，促使其挥发熏蒸，也可按以上比例配成 1％的水溶液进行库内喷雾消毒。

大蒜贮藏前如何进行处理？

大蒜的休眠期通常为 2～3 个月。低温、低湿有利于大蒜进入休眠期，有利于贮藏。大蒜最适宜的贮藏条件：温度 -2.5℃ 左右，相对湿度 70%～75%，气调贮藏中，氧气浓度 3%～5%，二氧化碳浓度 10% 左右。

适时采收对贮藏也很重要，采收过早，叶中养分尚未完全转移到鳞茎，鳞茎不充实，含水量高，不耐贮藏；采收过迟，干枯的叶鞘不易编辫，若遇雨或高温环境，蒜皮易发黑，蒜头开裂，也对贮藏不利。

（1）贮前晾晒 经晾晒的大蒜外部鳞片逐渐干枯成膜质状，能防止内部水分散失和外部水分渗入，有利于休眠和贮藏运输。晾晒期需要 26～35℃ 高温，晾晒时应使大蒜茎叶盖住蒜头，即只晒茎叶不晒蒜头，晒的过程中要时常翻动，一般晾晒 2～3 天后，用刀削去须根，可转到阴凉处晾干，此期间要注意通风，防止内部发热、霉变。待基本晾干后，再剪去茎叶，剥去浮皮。进一步晾晒时，需把蒜头摊在席子上，防止在阳光下暴晒。

（2）抑制发芽 抑制大蒜贮藏期发芽的外部条件：①低温低湿；②高温低湿（贮藏温度 32℃ 以上，相对湿度 60% 以下）；③低氧高二氧化碳含量气调环境（氧气浓度不低于 2%，二氧化碳浓度不高于 12%）；④采前田间喷洒青鲜素（在收获前 1～3 天，采用浓度为 0.2%～0.4% 青鲜素田间喷洒，喷后 24 小时内遇雨应重喷）；⑤辐照处理（用 80～150 戈瑞的 γ 射线辐照处理）。生产中常采用冷库低温低湿贮藏，或经辐照处理后再冷库贮藏。

8. 蒜头如何进行保鲜贮藏？

（1）挂藏法 收获后的大蒜，先在田间暴晒 2～4 天，或在烘房内（控温 30～40℃，相对湿度 50％～60％）快速干燥其鳞茎，使之进入休眠期。干燥后的大蒜需进行挑选（也可在干燥前进行），剔除有机械伤和病虫害的蒜头。然后，将编成组（每 30～60 个蒜头编成 1 组）的蒜瓣挂在通风良好的屋檐下或其他地方储存。贮藏中应注意不要使蒜头受潮、淋雨。

（2）架藏法 通常选择通风良好、干燥的室内场地（有通风设备的场所更好），室内放置木制或竹制的梯架，架子可搭成台形和锥形等。梯架横隔间距要大，以利于空气流通。然后将按以上方法编好的蒜瓣，分岔于横隔上，不要过密，并要注意通风，以防止受潮。

（3）窖藏法 主要是利用地窖在地下温度、湿度受外界影响较小的特点，创造一个稳定的鲜藏环境。在窖内铺大蒜可散堆，也可以围垛，最好窖底铺 1 层干麦秆或谷壳，然后摆 1 层大蒜再铺 1 层麦秆或谷壳（不要堆得太厚），窖内需设置通风孔。

（4）机械冷藏法 可通过人工控温，这样保鲜时间长，保鲜质量好，经济效益显著。大蒜入库前应先进行设备的检修，对库房进行清扫，然后对库房及所用包装容器等进行杀菌消毒。在入库前三天，对库房进行降温，使库温达到 −1～2℃。大蒜采收后先进行高温诱导休眠处理，方法同挂藏法。需去除根须，留 1～1.5 厘米长的假根，并对大蒜进行挑选分级，去除有机械伤和病虫害的蒜头，然后装箱、装筐、装网袋或按出口要求等进行包装入库。可直接码放在库内，注意码垛不要太大，垛与垛之间要留一定距离，有条件的可在库内搭架。大蒜冷藏的最适温度是 $-2～1℃$（有些地方控温在 $-4℃$），相对湿度为 50％～60％，最高不要超过 80％。贮藏过程中应保持库温的恒定，注意在库内不同位置分别放置温度计，以保证不同位置温度一致。在贮藏过程中要定期检查鲜藏大蒜的质量，发现问题要及时处理。产品出库应缓慢升温，防止蒜鳞茎表层结露。

(5) 气调贮藏法 在大蒜鲜藏中，氧气含量愈低，二氧化碳含量愈高，抑制发芽的效果愈显著。但氧气不可低于 2％（常控制在 3.50％～5.50％之间），二氧化碳不可高于 16％（常控制在 12％～16％之间），这样鲜藏效果较好。大蒜在气调中，采用塑料袋、硅橡袋包装或使用塑料大帐，运用自然降氧或气调机进行调气。贮藏中除按机械冷藏法管理外，还应定时测定袋内或帐内的气体成分，当氧气和二氧化碳含量有一项超过标准时，则通过解口放风或用气调机调气。

(6) 冷库贮藏 有冷藏库的地方，蒜头收获后，当外界日平均温度尚高时（25～28℃），可在室内或防雨棚下贮藏一段时间，待蒜头生理休眠期结束，外温开始下降时，移进冷藏库贮藏。冷库内温度控制在（0±1）℃，空气相对湿度控制在 70％～75％，若湿度过高，可用生石灰吸湿。大蒜出库前要缓慢升温，以防蒜头表面结露。在此环境中，一般可贮藏 5 个月左右。在秋播地区，可以使蒜头的供应期延长到年底。

(7) 冷窖贮藏 我国北方春播地区的农村利用当地自然低温条件，采用冷窖贮藏蒜头，效果也很好。其做法是：选择地势高、土质坚实、管理方便的地点挖窖。冷窖内的环境要求冷凉干燥，所以冷窖地下部分的深度和地上部分的覆土厚度应根据当地的气候条件决定。窖过深，窖内温度偏高，贮藏的蒜头易受热；窖过浅，蒜头易受冻。以吉林省临江县为例，冷窖的地下部分以 1～1.2 米为宜，窖上盖土厚度为 13～16 厘米，窖宽 2～2.4 米，窖长根据地形和贮藏量决定。

窖的两头各留 1 个窖门，窖顶每隔 1.7 米长留 1 个天窗，以便通风换气和调节窖内温、湿度。窖中间留人行道，人行道的两侧用木棍搭架，以便挂蒜。

蒜头下窖的时期应选在田间地面刚结冻时。下窖以后的管理主要是根据天气变化，调节窖内温、湿度。温度保持在 0℃ 左右，空气相对湿度保持在 70%～75%。当温度和湿度超过指标时，如果天气晴暖，太阳出来以后把门和天窗打开通风排湿。如果外温低，只打开天窗。窖内温度降至 1～2℃ 时，将门、窗全部关闭，并将窖顶覆土加厚。翌年春季地面化冻，外温上升后，如果窖内温度偏高，可在清晨或傍晚外温降低时，打开门窗通风，以保持窖内的低温环境。用冷窖贮藏的蒜头可贮藏到 4 月份。

(8) 辐照贮藏法 采收 ^{60} 钴 γ 射线辐照后的大蒜，在常温下贮藏，可以达到周年供应。适宜的照射剂量是 2.85～5.16 库仑/千克。辐照是一种节约能源、无残留、改善食品品质、彻底杀虫灭菌、适用于大规模连续加工食品的保鲜手段，具有适应性广、效果好的优点。

（9）药物贮藏法 用 1‰ 的青鲜素水溶液在收获前 1 周喷洒大蒜的茎、叶，大蒜可贮藏到翌年 4 月份不出芽，不腐烂。

9. **大蒜种球如何贮藏？**

作种用的大蒜球，应在芒种前后抢晴天收获。此时收获蒜球产量高，耐贮藏。大蒜种球的贮藏可采用以下两种方法：

（1）挂藏法 大蒜种球收获后，逐排铺在地面，后一排的大蒜叶盖在前一排大蒜球上。待叶变软黄化时，用绳将种球扎成把，每把 30～40 个，挂在通风处晾干或于火炕上熏干。

（2）堆藏法 大蒜种球收获后，每 30～50 个扎成把，直立排在晒场上晾 7～10 天。然后将大蒜堆在场地上，将茎叶向内、蒜头向外堆垛。3～5 天后扒开蒜球堆，通风晾蒜，傍晚封垛，避免淋雨导致蒜球腐烂，隔 7 天进行第 2 次通风，然后将蒜球运进室内通风处堆起来。需要注意的是，大蒜种球收获后，因含水量高，不可装入塑料袋或麻袋，以防霉变。

第七章

大蒜良种繁育与
品种提纯复壮

1. 大蒜选种有哪些技术要点？

　　大蒜选种，应从田间管理开始。在栽培中，应做到择良好的地块，挑良好的蒜种，适期播种，合理密植，培育壮苗，加强肥水管理，适时收薹收蒜，妥善保存。大蒜收获时应从田间开始选种，首先选叶片落黄正常、无病虫害表现的植株；再从中选头大而圆，底平无贼瓣，无损伤，大小均匀，皮色肉色、分瓣数符合本品种特性的蒜头，单晒、单辨、单收藏。播种前淘汰受冻、受热、受伤、发芽过早、发黄、失水干瘪的蒜头。如用以上措施，年年进行选种，建立种子田，则可提高种性。有条件时，可从产量高、品质好的冷凉山区、高纬度地区产地，引入外种，进行大面积换种，亦可迅速改良种性。

大蒜鳞茎繁殖有哪些关键技术？

利用气生鳞茎作种，可加速良种繁殖，并有降低病毒积累量、提高品种生活力的作用。气生鳞茎留种时，应不收蒜薹，待蒜头完全老熟、植株干枯时采收成熟的气生鳞茎，筛选直径在 0.5 厘米以上，贮藏越夏。秋季撒播在平畦内，每亩保苗 12 万～15 万株，覆土厚 2 厘米左右。其他管理与秋播大蒜相同。第二年长成独头蒜，留独头蒜作种。第三年长出正常的蒜头，用此蒜头作种用，产量提高，种性较好。

大蒜脱毒技术有哪些？

（1）丛生芽途径 选用优良品种的蒜瓣，消毒后，在解剖镜下剥取有一个叶原基的茎尖，接种在附加不同激素（BA、NAA、KT、IAA）和不同浓度配比的 MS 或 B5 培养基上，放在培养室内进行培养。培养室温度为 24～26℃，光照度 2000～3000 勒克斯，光照每日 14～16 小时，相对湿度 60％以上。培养 2～3 周后，长出绿色幼芽，转入增殖培养基。增殖 2～3 代，达到一定的数量，再转移到生根培养基上，生根周期大约为 25 天。当年 12 月中旬，分期分批移栽到节能室，移栽成活率可达到 90％。

（2）不定芽发生型 脱毒后的茎尖、叶片、蒜瓣和茎盘等组织，切成薄片，接种于含 2,4-D 的 B5 培养基上，产生愈伤组织，待愈伤组织形成不定芽，再切割不定芽转接到增殖培养基上进一步进行生产。其中以茎尖诱导愈伤组织最好。

（3）鳞茎发生型　在试管苗增殖的基础上，将幼苗切割后转移到含有 NAA 0.6～1.0 毫克/升的 B5 培养基上，使幼苗生根，连续培养 2～3 个月，在幼苗的基部就可形成豆粒大小的丛生鳞茎或单生小鳞茎，所得小鳞茎经过休眠，可直接播种到大田中。

（4）试管苗移栽　试管苗在移栽前打开瓶塞，加入一定量的自来水，让试管苗充分吸收水分，炼苗时间由 5 天缩短为 1 天，直接栽入节能日光温室土壤中，栽后浇足水就可以成活，成活率达 90％以上。这种将试管苗直接栽入温室土壤的方法，省去了先盆栽后移入温室的中间环节，降低了成本，有利于大蒜试管繁殖的产业化生产。

（5）病毒检测技术　常用的病毒检测方法为指示植物法，即采用生物接种检测法进行检测。将移栽成活的试管苗，先目测确定带病植株，拔掉病株。对无病毒植株进行多点随机取样，分株采集叶片，研磨提取液，分别涂抹于指示植物千日红的叶片上，再用 600 目的金刚砂轻轻摩擦，一个月左右后观察情况，如果表现病毒病症状，则说明被检再生植株没有脱除病毒，否则，则说明脱除病毒。

④. **大蒜脱毒苗繁殖有哪些关键技术？**

（1）配方施肥　脱毒蒜的腋芽已经活化，脱毒后生长强旺，如果速效氮肥过多，施用期偏晚，会促进腋芽的生长而导致二次生长。因此，要配方施肥。

（2）**隔离保护繁殖低世代脱毒蒜种**　将零代和一代脱毒蒜种植在防虫温室或 35～40 目防蚜网棚中，防止病毒传入。

（3）**远距离空间隔离繁殖中、高世代（良繁区）脱毒蒜种**　在脱毒大蒜繁殖田周围 500 米内不种大葱、洋葱等葱属和烟草、马铃薯等茄科作物，避免病毒的交替感染。

（4）**及时淘汰病株**　脱毒蒜零代和一代用目测、ELISA 血清学方法或电镜检测，淘汰病株。脱毒蒜原（良）种以目测为主，拔除病株。对无症状株抽样检测，反应阳性者立即拔除。

（5）**及时防治大蒜病虫草害**　调查当地大蒜蚜虫、灰霉病和叶枯病的发生规律，适期用药防治。

5. 大蒜如何进行品种提纯复壮？有哪几种途径？

由于大蒜是无性繁殖，蒜瓣是变态的侧芽，是大蒜母体的组成部分，长期的无性繁殖必然导致病毒在体内的积累以及其他不良性状的累加，造成大蒜种性退化。退化的大蒜植株长势减弱、矮小，光合能力低，病毒病严重，蒜头和蒜瓣逐渐变小，产量逐年下降乃至丧失商品价值。很多大蒜产区的主栽品种，不同程度地存在着品种退化问题。目前大蒜品种提纯复壮的主要途径有以下 4 条：

（1）**建立异地大蒜留种田，定期进行异地换种**　建立有一定地区差异和栽培差异的大蒜种田，可避免大蒜退化，提高大蒜的种性，有一定的异地生长优势，如山区和平原交换、旱区和稻区交换、菜园区和粮食区交换。在一定范围内不同方向的异地交换，如南方和北方、东方和西方，这些都能不同程度地提高大蒜的种性和产量。

生产大蒜的名产区必定是具备某些品种生育最佳的气候、土壤、地形、地势条件及栽培技术的地区。许多大蒜产区都有每隔1～2年到名产区换种的习惯。例如，陕西省岐山县蔡家坡、山东省苍山县、四川省彭州及金堂县、湖南省茶陵县及隆回县等，都是生产名优大蒜品种的地区，成为所在省乃至外省的大蒜换种基地。这些换种基地的共同特点是：气候温和，地势较高，土质疏松肥沃且含腐殖质较多，排水良好。所以，大蒜换种的路线多为平原地区向丘陵低山区换种。从保持优良种性及提高经济效益的角度考虑，在最适生产区培育原种，由次适区繁殖大田用生产种，是大蒜产区比较合理的品种提纯复壮体系。

(2) 建立蒜种生产制度 生产上沿用的留种方法是从生产田收获的蒜头中选留蒜种，一般不单独设立种子田，因而不能按照种子田的要求去栽培管理。加上选种目标不够明确、稳定，致使原品种的优良特征特性得不到保持和提高。进行品种提纯复壮，必须建立完整的蒜种生产制度，包括：确立选种目标、提纯复壮繁殖原种及制定原种生产田技术措施。

① 确立选种目标 各地都有适应本地区地理环境、气候条件并在某些方面有突出优点的名优大蒜品种，为了保持和不断提高其优良种性，以适应市场需求的变化，应根据生产目的，确定本地区主栽品种和配套品种的选种目标。以生产蒜苗为主要目的的品种，其选种目标为：出苗

早，苗期生长快，叶鞘粗而长，叶片宽而厚，质地柔嫩，株形直立，叶尖不干枯或轻微干枯。以生产蒜薹为主要目的的品种，其选种目标为：抽薹早而整齐，蒜薹粗而长，纤维少，质地柔嫩，味香甜，耐贮运。以生产蒜头为主要目的的品种，其选种目标为：蒜头大而圆整，蒜瓣数符合原品种特征，瓣形整齐，无夹瓣，质地致密脆嫩，含水量低，蒜汁黏稠度大，蒜味浓，耐贮运。因此，严格地讲，蒜苗生产、蒜薹生产及蒜头生产都应各自设立专门的种子田，从种子田的群体中，按各自的选种目标，连年进行田间选择和室内选择。

② 提纯复壮繁殖原种　最简单的提纯复壮方法是利用一次混合选择法（简称一次混选法）。每年按照既定目标，从种子田中严格选优，去杂去劣；将入选植株的蒜头混合在一起。播种前再将入选蒜头中的蒜瓣按大小分级，将一级或二级蒜瓣作为大田生产用种。为了加强提纯复壮效果，还应将第一次混选后的种瓣（混选系）与未经混选的原品种的种瓣（对照）分别播种在同一田块的不同小区内，进行比较鉴定。如果混选系形态整齐一致并具备原品种的特征特性，而且产量显著超过对照，在收获时，经选优、去杂、去劣后得到的蒜头就是该品种的原原种。如果达不到上述要求，则需要再进行一次混合选择和比较鉴定，然后用原原种生产原种。由于大蒜的繁殖系数很低，一般为6～8，用原原种直接繁殖的原种数量有限，可以将原原种播种后，扩大繁殖为原种一代，利用原种一代繁殖生产用种。与此同时，继续进行选优、去杂、去劣，繁殖原种二代。如此继续生产原种，直至原种出现明显退化现

象时再更新原种。

③ 制定大蒜原种生产田技术措施 大蒜原种生产田的栽培管理与一般生产田相比，有以下几方面的特殊要求：

第一，选择地势较高、地下水位较低、土质为壤土的地段作为原种生产田。前茬最好是小麦、玉米等农作物。

第二，播种期较生产田推迟 10～15 天。迟播的蒜头虽较早播者稍小，但蒜瓣数适中，瓣形较整齐，可用作种瓣的比例较高。

第三，选择中等大小的蒜瓣作种瓣。过大的种瓣容易发生外层型二次生长；过小的种瓣生产的蒜头小，蒜瓣少，有时还会发生内层型二次生长。二者都可导致种瓣数量减少，质量下降。

第四，适当稀植。蒜头大的中、晚熟品种，行距20～23 厘米，株距 15 厘米左右。蒜头小的早熟品种，行距 20厘米左右，株距 10 厘米左右。原种生产田如种植过密，则蒜头变小，蒜瓣平均单重下降，小蒜瓣比例增多，可用作种瓣的蒜瓣数量减少。

第五，早抽蒜薹，改进采薹技术。当蒜薹伸出叶鞘口，上部微现弯曲时，采取抽薹法抽出蒜薹，尽量不破坏叶片，使抽薹后叶片能比较长时期地保持绿色，继续为蒜头的肥大提供营养。

第六，选优、去杂、去劣工作应在原种生产田中陆续分期进行。一般在幼苗期、抽薹期、蒜头收获期、贮藏期及播种前各进行 1 次。根据生产目的，各时期的选优标准要明确、稳定。

(3) 气生鳞茎繁殖

① 品种选择　不是任何品种都适宜用气生鳞茎繁殖。气生鳞茎仅有数粒的品种，繁殖系数难以提高；气生鳞茎数目虽多，但个体太小的品种，培养成大的分瓣蒜头需要的年限较长。一般可选择单株气生鳞茎数 20～30 粒、平均单粒重在 0.3 克以上的品种。

② 培育气生鳞茎　根据大田种植面积所需的蒜种数量及所用品种的气生鳞茎数和大小，建立一定面积的气生鳞茎培育圃，施足基肥。头一年在生产田中选择具有原品种典型性状的单株，采用一次混合选择法收获蒜头，从中选择一、二级蒜瓣作为培育气生鳞茎的种瓣。播期较一般生产田提早 10～15 天，适当稀植。当蒜薹总苞初露出叶鞘口后，加强肥、水管理，促进蒜薹生长和气生鳞茎的膨大。当蒜薹伸出叶鞘，总苞膨大后，将总苞撕破并摘除小花，使营养更多地集中到气生鳞茎中。待气生鳞茎的外皮变枯黄、已充分成熟时，带蒜头挖出。气生鳞茎的收获期一般比蒜头收获期晚 10～15 天。收获过早，气生鳞茎未充分成熟，播种后出苗率低；收获过晚，地下的蒜头易散瓣，使蒜头产量和质量降低，而且，气生鳞茎易脱落，不便管理。

挖蒜后，将符合原品种特征及选种目标的植株选出，连蒜头捆成小捆，放在阴凉处晾干，然后将总苞剪下，贮藏在干燥、通风处。

③ 培育原原种　气生鳞茎播种后形成的蒜头，称为气生鳞茎一代，可作为原原种。一般认为，气生鳞茎一代多为独头蒜，将独头蒜播种后才产生分瓣、抽薹的蒜头，

所以，用气生鳞茎作繁殖材料比直接用蒜瓣作繁殖材料要多花 1 年的时间。

播种前将总苞内的气生鳞茎搓散脱粒，按大小分为 2～3 级。将独头蒜形成百分率最低、分瓣蒜形成百分率最高的大粒气生鳞茎定为 1 级，作为培养气生鳞茎一代的蒜种；将独头蒜形成百分率最高的小粒气生鳞茎定为 2 级或 3 级，作为生产独头蒜或进一步繁殖原种的蒜种；太小的气生鳞茎使用价值不大，可淘汰。

原原种培育圃要选择腾地早、土壤肥沃的地块，施足基肥，精细整地。播种期较生产田提早 10～15 天，以加长越冬前幼苗的生长期。行距 15 厘米，株距 5～6 厘米，开沟后点播。播种后加强田间水肥管理及中耕除草工作。冬前及早春返青后，追肥 2～3 次，每次施尿素 15 千克或氮磷钾复合肥 30 千克，促进幼苗生长健壮，使其能在当年形成较大的、有蒜薹的分瓣蒜。蒜头成熟后及时收获，晾晒后将分瓣蒜和独头蒜分别扎捆或编辫存放。

(4) 培育原种　气生鳞茎一代蒜种收获后，在存放期间及播种前，严格进行选优、去杂、去劣工作，将选出的种瓣按每亩 3 万～4 万株的密度播种，所生产的蒜头为气生鳞茎二代，也就是原种。如果所生产的原种数量充足，可将其中一部分用作繁殖生产用种，另一部分用于生产原种一代；如果当年生产的原种数量不足，可全部用于生产原种一代，再由原种一代生产原种二代及繁殖生产用种。一般繁殖到原种四代时，复壮效果已不大显著，所以最好每隔 2～3 年用同样方法对原种进行一次复壮。以上是指兼顾品种提纯复壮和提高繁殖系数双重目的时的气生鳞茎繁殖程序。如果栽培面积较小，而且主要是为了提高繁殖系数，可以每年划出一定面积作为气生鳞茎培育圃，便能解决蒜种自给自足问题。

气生鳞茎繁殖虽然有它的优点，但目前在生产上尚未得到广泛应用。其原因：一是不如异地换种简便、快捷；二是留气生鳞茎的植株没有蒜薹产量，当年收入减少；三是留气生鳞茎的植株，蒜头产量也受影响。但从品种提纯复壮及提高繁殖系数所产生的长远效益看，利用气生鳞茎仍不失为一项有效措施。

参考文献

[1] 王昆，汪兴汉，丁超，等．大蒜栽培与病虫草害防治技术［M］．北京：中国农业出版社，2004．

[2] 陆帼一，程智慧．大蒜高产栽培［M］．第2版．北京：金盾出版社，2009．

[3] 程智慧．大蒜标准化生产技术［M］．北京：金盾出版社，2009．

[4] 王善广．蒜薹、蒜头及洋葱贮运保鲜实用技术［M］．北京：中国农业科学技术出版社，2004．

[5] 张绍文，孙守如，乔宝建．大蒜韭菜无公害高效栽培［M］．北京：金盾出版社，2003．

[6] 张彦萍．无公害葱蒜类蔬菜标准化生产［M］．北京：中国农业出版社，2006．

[7] 刘海河，张彦萍．大蒜安全优质高效栽培技术［M］．北京：化学工业出版社，2012．

[8] 赵艳红．绿色食品大蒜生产技术操作规程［J］．现代农业，2013（02）：7．

[9] 张海，卫建民．大蒜套玉米复播菜豆模式．山西农业，2005（12）：21．

[10] 卢兆雪，孙运秀，林传玲．大蒜、花生套种模式化栽培试验研究．作物杂志，2004，05（12）：28-29．

[11] 张秋萍，向俊生，丁建卫，等．春马铃薯—青玉米—青大蒜高效栽培技术．现代农业科技，2008（01）：46．

[12] 马庆稳．大蒜‖越冬菜—玉米‖早熟白菜（芹菜）"三菜一粮"立体种植模式．中国农技推广，2005（10）：31-32．